普通高等学校"十一五"规划教材

离散数学基础

（第2版）

王传玉　编著

中国科学技术大学出版社

内 容 简 介

　　离散数学,是现代数学的一个重要分支,是计算机科学中基础理论的核心课程.离散数学是随着计算机科学的发展而逐步建立的.它形成于20世纪70年代初期,是一门新兴的工具性学科.为适应计算机科学教学的需要,组织编写了这本理工科院校计算机专业适用的基础教材.

　　内容包括:数理逻辑;谓词逻辑;集合代数;二元关系;函数;代数结构;格与布尔代数;图论等.

　　本书特色是内容实用,叙述简捷,实例突出,非常适合大专院校师生和有关科技人员使用.

图书在版编目(CIP)数据

离散数学基础/王传玉编著. —2版. —合肥:中国科学技术大学出版社,2010.9(2019.9重印)

安徽省高等学校"十一五"省级规划教材

ISBN 978-7-312-02734-5

Ⅰ. 离⋯　Ⅱ. 王⋯　Ⅲ. 离散数学　Ⅳ. O158

中国版本图书馆 CIP 数据核字(2010)第 152191 号

出版发行	中国科学技术大学出版社	
	安徽省合肥市金寨路 96 号,邮编:230026	
	http://press. ustc. edu. cn	
	https://zgkxjsdxcbs. tmall. com	
印　　刷	安徽省瑞隆印务有限公司	
经　　销	全国新华书店	
开　　本	880 mm×1230 mm　1/32	
印　　张	6	
字　　数	160 千	
版　　次	2004 年 11 月第 1 版　2010 年 9 月第 2 版	
印　　次	2019 年 9 月第 7 次印刷	
印　　数	15001—16000 册	
定　　价	15.00 元	

前　　言

　　离散数学是研究离散量的结构及相互关系的学科,它在计算复杂性理论、软件工程、算法与数据结构、数字逻辑电路设计等各个领域,都有着广泛的应用.鉴于绝大部分学生(多为大二)学习本课程时,是初次接触较抽象的数学,因此本书力求做到内容易懂、实用,少而精.作为一门重要的专业基础课,通过离散数学的学习,不仅能为学习专业课打下良好的基础,同时也能适当培养他们抽象思维和慎密逻辑推理的能力.

　　本书包含四部分内容:数理逻辑、集合论初步、代数结构与图论.

　　第1章　数理逻辑.

　　第2章　谓词逻辑.

　　第3章　集合代数.

　　第4章　二元关系:包括关系的基本概念及若干特殊关系.

　　第5章　函数:包括映射等基础知识.

　　第6章　代数结构:属于近世代数的群环域部分,侧重介绍群论,环与域的内容相对较少.

　　第7章　格与布尔代数:介绍了一些基本概念和基础知识,作为偏序集理论的延伸.

第 8 章 介绍图论方面的基本知识.

该书 2004 年正式在中国科学技术大学出版社出版发行. 2007 年由安徽工程科技学院和出版社共同推荐,经专家评审,被列入安徽省高等学校"十一五"省级规划教材. 在本次修订和编写过程中,我们参阅了大量的离散数学书籍和相关资料,在此也向有关作者表示衷心的感谢,并对张 、杨绪兵、谭志杭等老师在校对原稿时提出的宝贵意见表示谢意.

最后,我们诚恳地期待读者对本书的批评和指正,限于作者的水平,错误在所难免. 希望使用本书的教师和读者不吝指正.

作 者
2010 年 7 月

目　录

第1章 数理逻辑

　　逻辑学是一门研究思维形式及思维规律的科学. 数理逻辑是研究推理的数学分支,它是用数学方法来研究推理的规律,而数学方法即为引进一套符号系统的方法,所以数理逻辑又称为符号逻辑,其最基本的内容为命题逻辑和谓词逻辑.

1.1 命题与逻辑联结词

　　数理逻辑中的命题是一个或真或假,但两者不能同时具备的陈述语句.

　　作为命题的陈述句所表达的判断结果称为命题的真值,真值只取两个值:真(True)、假(False),真值为假的命题称为假命题,真值为真的命题称为真命题. 任何命题的真值都是惟一的,一切没有判断内容的句子、无所谓是非的句子,如疑问句、祈使句、感叹句等都不能作为命题.

　　例 1.1 判断下列句子是否为命题.

　　(a) 5 是素数.

　　(b) 你会说英语吗?

　　(c) x 大于 y.

　　(d) 请不要随地吐痰!

　　(e) 本命题为假.

　　(f) 如果天气不好,那么我将在家读书.

　　解 (a)、(f)为命题,(e)为悖论,(b)、(c)、(d)不是命题.

　　在命题逻辑中,对命题的成分不再细分,因而命题就成为命题逻辑中最基本也是最小的研究单位. 对命题和它的真值进行符号化,常用大写英文字母 $P, Q, R, \cdots, P_i, Q_i, R_i, \cdots$ 表示命题,用"0"表示假,用"1"表示真,于是命题的真值取值为 0 或 1. 在例 1.1 中,用 P, Q 分别表示(a),(f)中

命题,称为这些命题的符号化,其表示法分别为

P:5 是素数.

Q:如果天气不好,那么我将在家读书. 其中 P 的真值为 1,Q 的真值暂时不知道.

有些命题不能分解为更简单的陈述句,称这样的命题为简单命题或原子命题,如例 1.1 中的 P 所表示的命题,但在各种论述和推理中,所出现的命题大多数不是原子命题,而是由原子命题通过联结词、标点符号复合构成的陈述句,称这样的命题为复合命题. 如例 1.1 中的 Q 所表示的命题.

注:P,Q,R 也可表示任意命题,此时它们为命题变元,但不是命题,除非将它们换成具体的命题,F,T 为命题常元.

由于复合命题是由原子命题与逻辑联结词组合而成的,故联结词是复合命题中的重要组成部分. 在命题演算中,联结词就是运算符号,运算对象为命题或命题变元,运算结果为复合命题或命题公式. 在数理逻辑中必须给出联结词的严格定义,并且将它们符号化. 哪些联结词及其相应的符号能足以表达可能情况下的一切命题,常用的有五种:

$$\neg, \wedge, \vee, \rightarrow, \leftrightarrow.$$

定义 1.1 设 P 为命题,P 的否定为一个复合命题,记为 $\neg P$,读作"非 P",复合命题"非 P"称为 P 的否定式. 符号 $\neg$ 称作否定联结词.

$\neg P$ 的逻辑关系是 P 不成立,若 P 取 0,则 $\neg P$ 取 1;若 P 取 1,则 $\neg P$ 取 0.

用运算对象的真值,决定一个应用运算符的命题的真值,列成表格形式,称为运算符的真值表. 联结词 $\neg$ 的真值表如表 1-1 所示.

表 1-1

P	$\neg P$
0	1
1	0

例 1.2 P:王浩是三好生,则 $\neg P$:王浩不是三好生.

例 1.3 Q:这些人都是男生,则 $\neg Q$:这些人不都是男生.

定义 1.2　设 P,Q 为两个命题,复合命题"P 并且 Q"(或"P 与 Q")称为 P 与 Q 的合取式,记作 $P \wedge Q$,$\wedge$ 称作合取联结词. 其真值表如表 1-2.

表 1-2

P	Q	$P \wedge Q$
0	0	0
0	1	0
1	0	0
1	1	1

$P \wedge Q$ 的逻辑关系是 P 与 Q 同时成立,因而只有 P 与 Q 同时为真,$P \wedge Q$ 才为真.

例 1.4　P:张强聪明,Q:张强用功,则 $P \wedge Q$:张强既聪明又用功.

定义 1.3　设 P,Q 为两个命题,复合命题"P 或 Q"称作 P 与 Q 的析取式,记作 $P \vee Q$,$\vee$ 称作析取联结词. 其真值表如表 1-3.

表 1-3

P	Q	$P \vee Q$
0	0	0
0	1	1
1	0	1
1	1	1

$P \vee Q$ 的逻辑关系是 P 与 Q 至少有一个成立,因而只有 P 与 Q 同时为假时,$P \vee Q$ 才为假. 但自然语言中的"或"具有二义性,用它联结的命题有时具有相容性,有时具有排斥性,对应的联结词分别称为相容或和排斥或.

例 1.5　P:李明在看书,Q:李明在听音乐,则 $P \vee Q$:李明在看书或听音乐.

例 1.6　P:王晓是中国人,Q:王晓是英国人,则 $P \vee Q$:王晓是中国人或英国人.

定义 1.4　设 P,Q 为两个命题,复合命题"如果 P,那么 Q"称作 P 与

Q 的条件式,记作 $P{\rightarrow}Q$,并称运算对象 P 是条件式的前件,运算对象 Q 是条件式的后件,$\rightarrow$ 称作条件联结词. 其真值表如表 1-4.

表 1-4

P	Q	$P{\rightarrow}Q$
0	0	1
0	1	1
1	0	0
1	1	1

$P{\rightarrow}Q$ 的逻辑关系是 Q 是 P 的必要条件.

例 1.7 P:我得到奖学金,Q:我买书,则 $P{\rightarrow}Q$:如果我得到奖学金,那么我买书.

还有多种等价方式描述复合命题 $P{\rightarrow}Q$,例如"若 P,则 Q","只要 P,就 Q","只有 Q 才 P","除非 Q 才 P","除非 Q,否则非 P",等等.

若称复合命题 $P{\rightarrow}Q$ 为原命题,则 $Q{\rightarrow}P$ 为其逆命题,$\neg P{\rightarrow}\neg Q$ 为其否命题,而 $\neg Q{\rightarrow}\neg P$ 为其逆否命题.

定义 1.5 设 P,Q 为两个命题,复合命题"P 当且仅当 Q"称作 P 与 Q 的双条件式,记作 $P{\leftrightarrow}Q$,$\leftrightarrow$ 称作双条件联结词. 其真值表如表 1-5.

表 1-5

P	Q	$P{\leftrightarrow}Q$
0	0	1
0	1	0
1	0	0
1	1	1

$P{\leftrightarrow}Q$ 的逻辑关系是 P 与 Q 互为充分必要条件. $(P{\rightarrow}Q)\wedge(Q{\rightarrow}P)$ 与 $P{\leftrightarrow}Q$ 的逻辑关系完全一致,即都表示 P 与 Q 互为充分必要条件.

例 1.8 P:两圆 O_1,O_2 面积相等,Q:两圆 O_1,O_2 的半径相等,则 $P{\leftrightarrow}Q$;若两圆 O_1,O_2 的面积相等,则它们的半径相等,反之亦然.

以上定义了五种最基本、最常用、也是最重要的联结词$\neg$，$\wedge$，$\vee$，$\rightarrow$，$\leftrightarrow$，这五种联结词之意义由其真值表惟一确定，而不由命题的含义确定，因此它们的真值表必须熟练掌握.

利用联结词可以将一些语句翻译成逻辑符，如，设P:明天下雨，Q:明天下雪，R:我去学校，则语句"明天我将雨雪无阻一定去学校"，可译成$(P \wedge Q \wedge R) \vee (\neg P \wedge Q \wedge R) \vee (P \wedge \neg Q \wedge R)$. 还可以用逻辑符表达复合命题，如:我既不看电视，也不外出，我在睡觉. 解题步骤为首先找出所有简单命题，其次依题意选取适当的联结词. 令P:我看电视，Q:我外出，R:我在睡觉. 则上述语句可用$\neg P \wedge \neg Q \wedge R$表达.

习题 1.1

1. 指出下列语句哪些是命题，哪些不是命题，如果是命题，指出它的真值:
(a) 离散数学是计算机科学系的一门必修课.
(b) 5 是素数吗?
(c) 请勿吸烟!
(d) 圆的面积等于半径的平方乘以π.

2. 给出下列命题的否定:
(a) 明天天气好并且我去锻炼.
(b) 如果你去踢球，那么我也去踢球.

3. 将下列复合命题分解成若干个原子命题，并找出适当的联结词:
(a) 若地球上没有水和空气，则人类不能生存.
(b) 他是运动员或他是大学生.
(c) 如果你不努力，那么你考试将不会通过.
(d) 除非天下大雨，否则他不乘公交车上班.

1.2 命题公式

简单命题通过联结词可形成复合命题. 设P和Q是任意两个命题，则$\neg P, P \wedge Q, P \vee Q, P \rightarrow Q, P \leftrightarrow Q$等都是复合命题，皆有真值，可以称它们为基本复合命题.而多次使用联结词的复合命题,可以称它们为复杂复合命题.若 P 和 Q 为命题变元时,则上述各式都将变成命题公式,皆无真值.只有将公式中的命题变元用确定的命题代入时,才得到一个命题.

将命题变元用联结词和圆括号按一定的逻辑关系联结起来的符号串称为命题公式.当使用联结词集 $\{\neg, \wedge, \vee, \rightarrow, \leftrightarrow\}$ 中的联结词时,命题公式定义如下.

定义 1.6 (a)单个命题变元是命题公式.

(b) 若 A 是命题公式,则 $(\neg A)$ 也是命题公式.

(c) 若 A, B 是命题公式,则 $(A \wedge B), (A \vee B), (A \rightarrow B), (A \leftrightarrow B)$ 也是命题公式.

(d) 只有有限次地应用(a)、(b)、(c)形成的符号串才是命题公式.

可将命题公式简称为公式.

由定义可知,$(P \rightarrow Q) \vee (P \wedge Q), (P \vee Q) \wedge (\neg P \rightarrow R)$ 等都是公式,而 $PQ \leftrightarrow \neg R, (P \rightarrow Q, \wedge P \rightarrow \neg Q$ 等不是公式.

在命题公式中,由于有命题变元的出现,因而真值是不确定的.当将公式中出现的全部命题变元都解释成具体的命题之后,公式就成了真值确定的命题了.

为了减少使用圆括号的数量,约定最外层圆括号可以省略.同时规定联结词的优先次序为 $\neg, \wedge, \vee, \rightarrow, \leftrightarrow$,圆括号最强.

组成命题公式的各命题变元为公式分量,一般地,一个命题公式含有 n 个命题变元,可设为 $P_1, P_2, \cdots, P_n$.如公式 $(\neg P \wedge Q) \rightarrow R$ 中含有 3 个命题变元 P, Q, R.

若公式 B 为公式 A 的一部分,则 B 为 A 的子公式.而在每一个公式中,每一个联结词都有其相应的作用范围,即紧接该联结词的最小子公式,称为该联结词的辖区.

例 1.9 求公式 $\neg(P \vee \neg(Q \rightarrow \neg R))$ 中每个联结词的辖区.

解 $P \vee \neg(Q \rightarrow \neg R)$ 为 $\neg$ 的辖区,$P, \neg(Q \rightarrow \neg R)$ 为 $\vee$ 的左、右辖区,$Q \rightarrow \neg R$ 为 $\neg$ 的辖区,$Q, \neg R$ 为 $\rightarrow$ 的左、右辖区,R 为 $\neg$ 的辖区.

习题 1.2

1. 判别下列公式哪些是命题公式？哪些不是命题公式？

（a）$P \wedge Q \rightarrow \neg R$.

（b）$(P \leftrightarrow (\neg Q \rightarrow R))$.

（c）$(P \rightarrow (Q \rightarrow R)$.

（d）$PQ \rightarrow \neg R$.

2. 将下列命题符号化，并讨论各命题的真值.

（a）今天是星期六当且仅当明天是星期日.

（b）如果下午不下雨，我去图书馆；否则，我在宿舍读书或看电视.

1.3 真值表和等价公式

对于给定命题公式各种不同的解释，其结果不是得到真命题就是得到假命题. 设 $P_1, P_2, \cdots, P_n$ 是出现在公式 A 中的全部的命题变元，给 $P_1, P_2, \cdots, P_n$ 各指定一个真值，称为对 A 的一个赋值或解释. 若指定的一组值使 A 的真值为 0，则称这组值为 A 的成假赋值，若使 A 的真值为 1，则称这组值为 A 的成真赋值. 易知，含 $n(n \geq 1)$ 个命题变元的公式共有 2^n 个不同的赋值.

定义 1.7 将命题公式 A 在所有赋值下取值情况列成表，称作 A 的真值表.

此方法亦称命题公式的真值表技术，它是建立在联结词的真值表基础上的，同时，它也是后续内容的基础.

构造真值表的具体步骤如下：

（a）找出公式中所含的全体命题变元 $P_1, P_2, \cdots, P_n$（若无下角标就按字典顺序排列），列出 2^n 个赋值，并规定，赋值从 $00 \cdots 0$ 开始，然后按二进制加法依次写出各赋值，直到 $11 \cdots 1$ 为止.

（b）按从低到高的顺序写出每个子公式.

（c）对应各个赋值计算出各子公式的真值，直到最后计算出公式的真值.

按照以上步骤,可以构造出任何含 $n(n\geqslant1)$ 个命题变元的公式的真值表.

例 1.10 计算公式 $(\neg P\leftrightarrow Q)\rightarrow(P\wedge\neg Q)$ 的真值表.

解 该公式是含两个命题变元的公式. 它的真值表如表 1-6 所示.

表 1-6

P	Q	$\neg P$	$\neg P\leftrightarrow Q$	$P\wedge\neg Q$	$(\neg P\leftrightarrow Q)\rightarrow(P\wedge\neg Q)$
0	0	1	0	0	1
0	1	1	1	0	0
1	0	0	1	1	1
1	1	0	0	0	1

从表 1-6 可知,该公式的成假赋值为 01,其余 3 个赋值都是成真赋值.

一般地,当命题公式含有 n 个分量,则在真值表中,分量的所有指派组合应有 2^n 个. 也即真值表中应有 2^n 行,命题公式也就有 2^n 种真值情况.

根据公式在各种赋值下的取值情况,可按下述定义将命题公式进行分类.

定义 1.8 设 A 为任一命题公式.

(a) 若 A 在它的各种赋值下取值均为真,则称 A 是重言式或永真式.

(b) 若 A 在它的各种赋值下取值均为假,则称 A 是矛盾式或永假式.

(c) 若 A 不是矛盾式,则称 A 是可满足式.

从定义可知,利用真值表技术不但能准确地给出公式的成真赋值和成假赋值,而且能判断公式的类型.

例 1.11 (a) 例 1.10 中的公式是非重言式的可满足式.

(b) 公式 $(P\rightarrow Q)\leftrightarrow(\neg Q\rightarrow\neg P)$ 是重言式.

(c) 公式 $(P\wedge Q)\wedge\neg P$ 为矛盾式.

具有 n 个命题变元的公式形式各异,这些公式的真值表是否有无穷多种不同的情况? 回答是否定的.

定义 1.9　设 A,B 是两个命题公式,且含有相同的分量,若 A,B 的真值表相同,则称 A 与 B 是逻辑等价的,记作 $A{\Leftrightarrow}B$.

两个命题公式 A,B 逻辑等价的另外一种说明方法是:公式 $A{\leftrightarrow}B$ 为重言式.

例 1.12　$P\vee Q{\Leftrightarrow}Q\vee P,P{\rightarrow}Q{\Leftrightarrow}\neg P\vee Q.$

解　利用真值表(表 1-7)易证.

表 1-7

P	Q	$P\vee Q$	$Q\vee P$	$P{\rightarrow}Q$	$\neg P\vee Q$
0	0	0	0	1	1
0	1	1	1	1	1
1	0	1	1	0	0
1	1	1	1	1	1

虽然用真值表法可以判断任何两个命题公式是否逻辑等价,但当命题变元较多时,计算量是很大的. 可以先用真值表验证一组基本的且重要的等价公式,以它们为基础进行公式之间的演算,来判断公式之间是否逻辑等价.

命题结构中有关 $\neg,\wedge,\vee$ 运算具有许多良好的性质:

(a) 双重否定律

$$P{\Leftrightarrow}\neg(\neg P)$$

(b) 幂等律

$$P{\Leftrightarrow}P\vee P,\qquad P{\Leftrightarrow}P\wedge P$$

(c) 交换律

$$P\vee Q{\Leftrightarrow}Q\vee P,\qquad P\wedge Q{\Leftrightarrow}Q\wedge P$$

(d) 结合律

$$(P\vee Q)\vee R{\Leftrightarrow}P\vee(Q\vee R),\quad (P\wedge Q)\wedge R{\Leftrightarrow}P\wedge(Q\wedge R)$$

(e) 分配律

$$P\vee(Q\wedge R){\Leftrightarrow}(P\vee Q)\wedge(P\vee R)\quad(\vee\ \text{对}\ \wedge\ \text{的分配律})$$

$$P\wedge(Q\vee R){\Leftrightarrow}(P\wedge Q)\vee(P\wedge R)\quad(\wedge\ \text{对}\ \vee\ \text{的分配律})$$

(f) 德·摩根律

$$\neg(P\vee Q){\Leftrightarrow}\neg P\wedge\neg Q,\qquad \neg(P\wedge Q){\Leftrightarrow}\neg P\vee\neg Q$$

（g）吸收律

$$P \lor (P \land Q) \Leftrightarrow P, \qquad P \land (P \lor Q) \Leftrightarrow P$$

条件联结词运算也具有许多性质：

（h）条件等价式

$$P \to Q \Leftrightarrow \neg P \lor Q$$

（i）等价等值式

$$P \leftrightarrow Q \Leftrightarrow (P \to Q) \land (Q \to P)$$

（j）假言易位

$$P \to Q \Leftrightarrow \neg Q \to \neg P$$

（k）等价否定等值式

$$P \leftrightarrow Q \Leftrightarrow \neg Q \leftrightarrow \neg P$$

（l）归谬论

$$(P \to Q) \land (P \to \neg Q) \Leftrightarrow \neg P$$

由已知的等价式可以推演出更多的等价式，我们称此过程为等值演算. 等值演算是布尔代数或逻辑代数的重要组成部分.

在等值演算进程中，要不断地使用一条重要的规则，即：

置换规则

设 $F(A)$ 是含公式 A 的命题公式，$F(B)$ 是用公式 B 置换了 $F(A)$ 中所有的 A 后得到的命题公式，若 $B \Leftrightarrow A$，则 $F(B) \Leftrightarrow F(A)$.

例如，$(\neg Q \to \neg P) \to R \Leftrightarrow (P \to Q) \to R$

$$\Leftrightarrow (\neg P \lor Q) \to R$$

公式之间的逻辑等价关系具有自反性、对称性和传递性.

例1.13 用等值演算法验证等价式：

$$(P \lor Q) \to R \Leftrightarrow (P \to R) \land (Q \to R)$$

证 $(P \lor Q) \to R \Leftrightarrow \neg(P \lor Q) \lor R$

$$\Leftrightarrow (\neg P \land \neg Q) \lor R$$

$$\Leftrightarrow (\neg P \lor R) \land (\neg Q \lor R)$$

$$\Leftrightarrow (P \to R) \land (Q \to R)$$

所以，原等价式成立.

利用等值演算法还可以判断公式的类型. 例如, 公式 A 为

$$(P \rightarrow Q) \wedge P \rightarrow Q \Leftrightarrow (\neg P \vee Q) \wedge P \rightarrow Q$$
$$\Leftrightarrow ((\neg P \wedge P) \vee (Q \wedge P)) \rightarrow Q$$
$$\Leftrightarrow \neg (Q \wedge P) \vee Q$$
$$\Leftrightarrow (\neg Q \vee \neg P) \vee Q$$
$$\Leftrightarrow 1 \vee \neg P$$
$$\Leftrightarrow 1$$

所以, 公式 A 是重言式.

习题 1.3

1. 构造真值表, 判断下列公式的类型:

(a) $P \rightarrow (P \rightarrow Q)$.

(b) $(P \rightarrow (P \vee Q)) \wedge R$.

2. 用等值演算法判断下列公式的类型:

(a) $(P \rightarrow Q) \wedge P \rightarrow P$.

(b) $\neg (P \rightarrow (P \vee Q)) \wedge R$.

3. 若 $P \rightarrow Q$ 为假, 讨论公式 $(\neg P \vee Q) \rightarrow Q$ 的真值.

4. 用等值演算法验证下列各等价式:

(a) $\neg (P \rightarrow Q) \Leftrightarrow (P \wedge \neg Q)$.

(b) $\neg (P \leftrightarrow Q) \Leftrightarrow ((P \wedge \neg Q) \vee (\neg P \wedge Q))$.

5. 写出下列公式的否定形式:

(a) 天气晴好但我没去上学.

(b) 如果我没有生病, 则我去锻炼.

1.4 蕴 含 式

定义 1.10 设 A, B 是两个命题公式, 若公式 $A \rightarrow B$ 是重言式, 则称 A 永真蕴含 B, 记作 $A \Rightarrow B$.

例 1.14 证明 $\neg Q \wedge (P \rightarrow Q) \Rightarrow \neg P$

证 记 $A = \neg Q \wedge (P \rightarrow Q)$, $B = \neg P$,

$$A \to B \Leftrightarrow (\neg Q \land (P \to Q)) \to \neg P$$
$$\Leftrightarrow (\neg Q \land (\neg P \lor Q)) \to \neg P$$
$$\Leftrightarrow (\neg Q \land \neg P) \to \neg P$$
$$\Leftrightarrow \neg (\neg Q \land \neg P) \lor \neg P$$
$$\Leftrightarrow (Q \lor P) \lor \neg P$$
$$\Leftrightarrow Q \lor 1$$
$$\Leftrightarrow 1$$

所以,$A \to B$ 是重言式,从而

$$\neg Q \land (P \to Q) \Rightarrow \neg P$$

以下各式是常见的且重要的永真蕴含式.

(a) $(P \land Q) \to P$

(b) $(P \land Q) \to Q$

(c) $P \to (P \lor Q)$

(d) $Q \to (P \lor Q)$

(e) $\neg P \to (P \to Q)$

(f) $\neg (P \to Q) \to P$

(g) $(\neg P \land (P \lor Q)) \to Q$

(h) $(P \land (P \to Q)) \to Q$

(i) $(\neg Q \land (P \to Q)) \to \neg P$

(j) $((P \to Q) \land (Q \to R)) \to (P \to R)$

证明以上各式,可用等值演算方法,也可用真值表法.

1.3 节中的每个等价公式皆能得到两个永真蕴含式. 事实上,公式 $A \Leftrightarrow$ 公式 B,当且仅当 $A \Rightarrow B$ 且 $B \Rightarrow A$.

永真蕴含式具有以下性质:

(a) 设 A, B, C 为命题公式,若 $A \Rightarrow B$ 且 A 为重言式,则 B 也为重言式.

(b) 若 $A \Rightarrow B, B \Rightarrow C$,则 $A \Rightarrow C$.

(c) 若 $A \Rightarrow B, A \Rightarrow C$,则 $A \Rightarrow (B \land C)$.

(d) 若 $A \Rightarrow B, C \Rightarrow B$,则 $(A \lor C) \Rightarrow B$.

习题 1.4

1. 试证明下列各式为重言式：

（a）$(Q \wedge (Q \rightarrow R)) \rightarrow R$.

（b）$\neg P \rightarrow (P \rightarrow Q)$.

（c）$((P \rightarrow Q) \wedge (Q \rightarrow R)) \rightarrow (P \rightarrow R)$.

2. 用等值演算法证明下列永真蕴含式：

（a）$(P \rightarrow Q) \rightarrow Q \Rightarrow P \vee Q$.

（b）$(Q \rightarrow P) \Rightarrow Q \rightarrow (P \wedge Q)$.

（c）$R \Rightarrow P \vee Q \vee \neg P$.

（d）$P \Rightarrow (\neg P \rightarrow Q)$.

1.5 其他联结词

我们已经学习了常用的五种联结词，但仅用这几个联结词，要想直接表达所有命题及命题间的联系是困难的，有必要再定义一些联结词. 另一方面，是否存在一个较小的联结词集合，它能具有五种联结词的全部功能.

定义 1.11 设 P, Q 为两个命题，复合命题"P 或（排斥）Q"称为 P 与 Q 的（排斥）析取式，记作 $P \overline{\vee} Q$，$\overline{\vee}$ 称作（排斥）析取联结词. 其真值表如表 1-8.

表 1-8

P	Q	$P \overline{\vee} Q$
0	0	0
0	1	1
1	0	1
1	1	0

复合命题 $P \overline{\vee} Q$ 为真当且仅当 P 与 Q 的真值不同时为真.

从上述定义可知联结词 $\overline{\vee}$ 具有以下性质：

设 P, Q, R 为三个命题，则有

(a) $P \overline{\vee} Q \Leftrightarrow Q \overline{\vee} P$

(b) $(P \overline{\vee} Q) \overline{\vee} R \Leftrightarrow P \overline{\vee} (Q \overline{\vee} R)$

(c) $P \wedge (Q \overline{\vee} R) \Leftrightarrow (P \wedge Q) \overline{\vee} (P \wedge R)$

(d) $(P \overline{\vee} Q) \Leftrightarrow (P \wedge \neg Q) \vee (\neg P \wedge Q)$

(e) $(P \overline{\vee} Q) \Leftrightarrow \neg (P \leftrightarrow Q)$

(f) $P \overline{\vee} P \Leftrightarrow F, F \overline{\vee} P \Leftrightarrow P, T \overline{\vee} P \Leftrightarrow \neg P$

例 1.14 李山只能挑选 101 或 201 房间.

解 先将原子命题符号化

P：李山挑选 101 房间.

Q：李山挑选 201 房间.

符号化为 $P \overline{\vee} Q$ 或 $(P \wedge \neg Q) \vee (\neg P \wedge Q)$.

定义 1.12 设 P, Q 为两个命题, 复合命题"P 与 Q 的条件否定"可记作 $P \nrightarrow Q, \nrightarrow$ 称作条件否定联结词. 其真值表如表 1-9.

表 1-9

P	Q	$P \nrightarrow Q$
0	0	0
0	1	0
1	0	1
1	1	0

从上述定义可知, $P \nrightarrow Q \Leftrightarrow \neg (P \rightarrow Q)$.

定义 1.13 设 P, Q 为两个命题, 复合命题"P 与 Q 的否定式"称作 P、Q 的与非式, 记作 $P \uparrow Q$. 符号 $\uparrow$ 称作与非联结词. 其真值表如表 1-10.

表 1-10

P	Q	$P \uparrow Q$
0	0	1
0	1	1
1	0	1
1	1	0

从定义可知,$P \uparrow Q \Leftrightarrow \neg(P \wedge Q)$.

联结词$\uparrow$有如下几个性质:

(a) $P \uparrow P \Leftrightarrow \neg(P \wedge P) \Leftrightarrow \neg P$

(b) $(P \uparrow Q) \uparrow (P \uparrow Q) \Leftrightarrow \neg(P \uparrow Q) \Leftrightarrow P \wedge Q$

(c) $(P \uparrow P) \uparrow (Q \uparrow Q) \Leftrightarrow \neg P \uparrow \neg Q \Leftrightarrow \neg(\neg P \wedge \neg Q) \Leftrightarrow P \vee Q$

定义 1.14 设 P, Q 为两个命题,复合命题"P 或 Q 的否定式"称作 P、Q 的或非式,记作 $P \downarrow Q$. 符号$\downarrow$称作或非联结词. 其真值表如表 1-11.

表 1-11

P	Q	$P \downarrow Q$
0	0	1
0	1	0
1	0	0
1	1	0

从定义可知,$P \downarrow Q \Leftrightarrow \neg(P \vee Q)$.

联结词$\downarrow$有如下几个性质:

(a) $P \downarrow P \Leftrightarrow \neg(P \vee P) \Leftrightarrow \neg P$

(b) $(P \downarrow Q) \downarrow (P \downarrow Q) \Leftrightarrow \neg(P \downarrow Q) \Leftrightarrow P \vee Q$

(c) $(P \downarrow P) \downarrow (Q \downarrow Q) \Leftrightarrow \neg P \downarrow \neg Q \Leftrightarrow \neg(\neg P \vee \neg Q) \Leftrightarrow P \wedge Q$

现在我们又学习了四种联结词$\overline{\vee}$、$\nrightarrow$、$\uparrow$、$\downarrow$,对于包含它们的复合命题公式,其归纳定义可扩充为:

(a) 单个命题变元本身是命题公式.

(b) 若 A 是公式,则$(\neg A)$也是公式.

(c) 若 A, B 是公式,则 $A \overline{\vee} B, A \nrightarrow B, A \uparrow B, A \downarrow B$ 也是公式.

(d) 只有有限次地应用上述条款所得到的包含命题变元,联结词及括号的符号串才是公式.

我们仍可以定义出新的联结词,联结词在命题演算中可通过真值表进行定义. 两个命题变元,恰可构成 2^4 个不等价的命题公式,如表 1-12 所示.

表 1-12

P	Q	1	2	3	4	5	6	7	8	9	10	11	12	13	14	15	16
0	0	1	0	0	0	1	1	0	1	0	1	1	0	1	0	1	0
0	1	1	0	0	1	1	0	0	1	1	0	1	0	0	1	0	1
1	0	1	0	1	0	0	1	0	1	1	0	0	1	0	1	1	0
1	1	1	0	1	1	0	0	1	0	1	0	1	0	1	0	1	0

从表 1-12 可分析出,除常量 T,F 及命题变元本身外,联结词一共有 9 个就足够了.

定义 1.15 设 S 是一个联结词集合,用其中联结词组成的公式足以将一切命题公式等价地表达出来,则称 S 是联结词完备集.

利用一些等价公式:

(a) $P{\rightarrow}Q{\Leftrightarrow}\neg P\vee Q$

(b) $P{\leftrightarrow}Q{\Leftrightarrow}(P\vee\neg Q)\wedge(\neg P\vee Q)$

(c) $P\overline{\vee}Q{\Leftrightarrow}\neg(P{\leftrightarrow}Q){\Leftrightarrow}(P\wedge\neg Q)\vee(\neg P\wedge Q)$

(d) $P{\not\rightarrow}Q{\Leftrightarrow}\neg(P{\rightarrow}Q){\Leftrightarrow}P\wedge\neg Q$

(e) $P{\uparrow}Q{\Leftrightarrow}\neg(P\wedge Q)$

(f) $P{\downarrow}Q{\Leftrightarrow}\neg(P\vee Q)$

我们可以得出结论 $S=\{\neg,\wedge,\vee\}$ 是联结词完备集. 以下联结词集也都是完备集.

(a) $S_1=\{\neg,\wedge,\vee,\rightarrow\}$

(b) $S_2=\{\neg,\wedge,\vee,\rightarrow,\leftrightarrow\}$

(c) $S_3=\{\neg,\wedge\}$

(d) $S_4=\{\neg,\vee\}$

(d) $S_5=\{\neg,\rightarrow\}$

最常用的完备集是 $\{\neg,\wedge,\vee\}$.

设 S_1 和 S_2 是两个不同的联结词完备集,用 S_1 中联结词构成任何公式,可以等值转化成用 S_2 中联结词构成的公式,反之亦然. 于是,人们可以构造只含某确定联结词完备集中的联结词的公式的形式系统.

例 1.15 试将公式 $P\wedge(P{\rightarrow}Q)$ 化为仅含有 $\wedge,\neg$ 的等价公式.

解 $P \wedge (P \rightarrow Q) \Leftrightarrow P \wedge (\neg P \vee Q) \Leftrightarrow P \wedge \neg (P \wedge \neg Q)$

注意到 $\{\neg, \wedge\}$ 是完备集,其中 $\neg$ 是一元运算,$\wedge$ 为二元运算. 能否将完备集缩小为只含有一个联结词? 回答是肯定的.

事实上,$\{\uparrow\}$,$\{\downarrow\}$ 就是两个只含有一个联结词的完备集. 这是因为

$\neg P \Leftrightarrow P \downarrow P$

$P \vee Q \Leftrightarrow \neg (P \downarrow Q) \Leftrightarrow (P \downarrow Q) \downarrow (P \downarrow Q)$

$P \wedge Q \Leftrightarrow \neg P \downarrow \neg Q \Leftrightarrow (P \downarrow P) \downarrow (Q \downarrow Q)$

$\neg P \Leftrightarrow P \uparrow P$

$P \wedge Q \Leftrightarrow \neg (P \uparrow Q) \Leftrightarrow (P \uparrow Q) \uparrow (P \uparrow Q)$

$P \vee Q \Leftrightarrow \neg P \uparrow \neg Q \Leftrightarrow (P \uparrow P) \uparrow (Q \uparrow Q)$

习题 1.5

1. 把下列各式用只含 $\vee$ 和 $\neg$ 的等价式表达,并要尽可能简单.

(a) $(P \wedge Q) \wedge \neg P$

(b) $(P \rightarrow (Q \vee \neg P)) \wedge Q$

2. 将下列公式化成与之等价且仅含 $\{\neg, \wedge\}$ 中联结词的公式:

(a) $P \wedge \neg Q \vee \neg R$

(b) $(P \leftrightarrow Q) \wedge R$

3. 对下列各式仅用 $\downarrow$ 表达:

(a) $\neg P \vee Q$

(b) $P \wedge \neg Q$

4. 证明:

(a) $\neg (P \uparrow Q) \Leftrightarrow \neg P \downarrow \neg Q$, $\quad \neg (P \downarrow Q) \Leftrightarrow \neg P \uparrow \neg Q$

(b) $(P \uparrow Q) \Leftrightarrow (Q \uparrow P)$, $\quad (P \downarrow Q) \Leftrightarrow (Q \downarrow P)$

1.6 对偶与范式

在完备集中,常取 $\{\neg, \wedge, \vee\}$. 由于 $\wedge$,$\vee$ 有许多相似之处,很多性质关于 $\wedge$,$\vee$ 总是成对出现,只是将 $\wedge$ 与 $\vee$ 互换得到. 称这样的公式为具有对偶规律的.

定义 1.16 设有公式 A,其中仅有联结词 $\neg$,$\wedge$,$\vee$. 在 A 中将 $\wedge$,$\vee$,F,T 分别换以 $\vee$,$\wedge$,T,F 得公式 A^*,则 A^* 称为 A 的对偶公式.

例 1.16 求公式 $A=\neg P \wedge (Q \vee \neg R) \vee T$ 的对偶公式.

解 $A^* = \neg P \vee (Q \wedge \neg R) \wedge F$

对 A^* 采取同样手段,又得 A,所以 A 也是 A^* 的对偶. 因此,对偶是相互的.

例 1.17 求公式 $B=P \uparrow Q$ 的对偶式.

解 公式 B 中不显含 $\neg$,$\wedge$,$\vee$,F,T,先转换 $B=\neg(P \wedge Q)$,故
$$B^* = \neg(P \vee Q) \Leftrightarrow P \downarrow Q.$$

例 1.18 设公式 $C \Leftrightarrow P \vee (\neg Q \wedge R)$,求 $\neg C$.

解
$$\begin{aligned}
\neg C &\Leftrightarrow \neg(P \vee (\neg Q \wedge R)) \\
&\Leftrightarrow \neg P \wedge \neg(\neg Q \wedge R) \\
&\Leftrightarrow \neg P \wedge (Q \vee \neg R) \\
&\Leftrightarrow C^*(\neg P, \neg Q, \neg R).
\end{aligned}$$

一般地,设 A 和 A^* 是对偶式. $P_1, P_2, \cdots, P_n$ 是出现于 A 和 A^* 中的所有命题变元,有
$$\neg A(P_1, P_2, \cdots, P_n) \Leftrightarrow A^*(\neg P_1, \neg P_2, \cdots, \neg P_n)$$

对偶原理 设公式 A,B 含有相同的命题变元 $P_1, P_2, \cdots, P_n$ 及联结词 $\neg$,$\wedge$,$\vee$,若有 $A \Leftrightarrow B$,则 $A^* \Leftrightarrow B^*$.

证 $A \Leftrightarrow B$,即 $A(P_1, P_2, \cdots, P_n) \leftrightarrow B(P_1, P_2, \cdots, P_n) \Leftrightarrow T$,所以
$$\neg A(P_1, P_2, \cdots, P_n) \leftrightarrow \neg B(P_1, P_2, \cdots, P_n)$$
$$\Leftrightarrow T.$$

从而
$$A^*(\neg P_1, \neg P_2, \cdots, \neg P_n) \leftrightarrow B^*(\neg P_1, \neg P_2, \cdots, \neg P_n)$$
$$\Leftrightarrow T$$

以 $\neg P_i$ 代 P_i,$1 \leqslant i \leqslant n$,得
$$A^*(P_1, P_2, \cdots, P_n) \leftrightarrow B^*(P_1, P_2, \cdots, P_n)$$
$$\Leftrightarrow T$$

所以,$A^* \Leftrightarrow B^*$.

由于命题公式千变万化,这对研究其性质和应用带来困难. 故有必要

研究如何将命题公式转化为逻辑等价的标准形式问题. 这种标准形式就称为范式.

定义 1.17 命题公式中的一些命题变元和一些命题变元的否定的合取式, 称为基本积; 一些命题变元和一些命题变元的否定的析取式, 称为基本和.

例如, 给定命题变元 P 和 Q, 则 $P, \neg P \wedge P, P \wedge \neg Q, \neg P \wedge P \wedge Q$ 等都是基本积, $Q, \neg P \vee P, P \vee Q, \neg P \vee P \vee Q$ 等都是基本和.

注意, 一个命题变元 P 及其否定 $\neg P$ 既是基本积, 又是基本和.

定义 1.18 (a) 由有限个基本积构成的析取式称为析取范式.

(b) 由有限个基本和构成的合取式称为合取范式.

(c) 析取范式与合取范式统称为范式.

设 $A_i (i=1, 2, \cdots, s)$ 为基本积, 则

$$A = A_1 \vee A_2 \vee \cdots \vee A_s$$

为析取范式. 例如, 取 $A_1 = \neg P \wedge Q, A_2 = P \wedge \neg Q \wedge R, A_3 = Q$, 则由 A_1, A_2, A_3 构造的析取范式为:

$$A = A_1 \vee A_2 \vee A_3 = (\neg P \wedge Q) \vee (P \wedge \neg Q \wedge R) \vee Q$$

类似地, 设 $B_j (j=1, 2, \cdots, t)$ 为基本和, 则

$$B = B_1 \wedge B_2 \wedge \cdots \wedge B_t$$

为合取范式. 例如, 取 $B_1 = \neg P \vee Q \vee R, B_2 = R, B_3 = P \vee \neg Q$, 则由 B_1, B_2, B_3 构造的合取范式为:

$$B = B_1 \wedge B_2 \wedge B_3 = (\neg P \vee Q \vee R) \wedge R \wedge (P \vee \neg Q).$$

注意, 形如 $P \wedge \neg Q \wedge \neg R$ 的公式既是一个基本积构成的析取范式, 又是由三个基本和构成的合取范式. 类似地, 形如 $\neg P \vee \neg Q \vee R$ 的公式既是含三个基本积的析取范式, 又含一个基本和的合取范式.

任何一个命题公式, 求它的合取范式或析取范式, 可以通过以下步骤完成:

(a) 将公式中的联结词化归成 $\wedge, \vee, \neg$.

(b) 利用德·摩根律将否定符号 $\neg$ 直接移到各个命题变元之前.

(c) 利用分配律、结合律将公式化为合取范式或析取范式.

注意,为了清晰和无误,演算中利用交换律,使得每个基本积或基本和中命题变元的出现都是字典顺序.

例 1.19 求公式 $(\neg P \wedge Q) \rightarrow R$ 的合取与析取范式.

解
$$(\neg P \wedge Q) \rightarrow R \Leftrightarrow \neg(\neg P \wedge Q) \vee R$$
$$\Leftrightarrow P \vee \neg Q \vee R$$

记 $A_1 = P \vee \neg Q \vee R$,则 A_1 为合取范式.若记
$$B_1 = P, \quad B_2 = \neg Q, \quad B_3 = R,$$
则
$$B_1 \vee B_2 \vee B_3$$
为析取范式.

所谓命题公式的两种范式,实际上就是将命题公式这一符号串中的联结词位置关系理顺,成为两种特殊的顺序形式.任何命题公式都有这两种范式,但不惟一,且这两种范式也并不具有对偶关系.

为了使任意一个命题公式化成惟一的等价命题的标准形式,我们考虑对合取与析取范式做进一步改进.

定义 1.19 在含有 n 个命题变元的基本积(基本和)中,若每个命题变元和它的否定式不同时出现,但二者之一必出现且仅出现一次,且第 i 个命题变元或它的否定式出现在从左算起的第 i 位上(若命题变元无角标,就按字典顺序排列),称这样的基本积(基本和)为极小项(极大项).

n 个命题变元共可产生 2^n 个不同的极小项,2^n 个极大项.对于每个极小项,我们可以将命题变元看成 1,命题变元的否定看成 0.那末每一极小项对应一个二进制数(为该极小项的成真赋值),因而也对应一个十进制数.类似地,对于每个极大项,若将命题变元对应于 0,命题变元的否定对应于 1,那末每一极大项也对应一个二进制数(为该极大项的成假赋值),因而也对应一个十进制数.为了区别起见,极小项记为 m_i,极大项记为 M_i.表 1-13 列出的是 $n=2$ 时极小项(极大项),表 1-14 列出的是 $n=3$ 时的极小项(极大项).

表 1-13

极小项			极大项		
公式	成真赋值	名称	公式	成假赋值	名称
$\neg P \wedge \neg Q$	0　0	m_0	$P \vee Q$	0　0	M_0
$\neg P \wedge Q$	0　1	m_1	$P \vee \neg Q$	0　1	M_1
$P \wedge \neg Q$	1　0	m_2	$\neg P \vee Q$	1　0	M_2
$P \wedge Q$	1　1	m_3	$\neg P \vee \neg Q$	1　1	M_3

极小项与极大项有如下关系：

设 m_i 与 M_i 是命题变元 $P_1, P_2, \cdots, P_n$ 形成的极小项和极大项，则

$$\neg m_i \Leftrightarrow M_i , \qquad \neg M_i \Leftrightarrow m_i$$

还可分别记极小项为：

$$m_{000} = \neg P \wedge \neg Q \wedge \neg R \qquad m_{001} = \neg P \wedge \neg Q \wedge R$$
$$m_{010} = \neg P \wedge Q \wedge R \qquad m_{011} = \neg P \wedge Q \wedge R$$
$$m_{100} = P \wedge \neg Q \wedge \neg R \qquad m_{101} = P \wedge \neg Q \wedge R$$
$$m_{110} = P \wedge Q \wedge \neg R \qquad m_{111} = P \wedge Q \wedge R$$

表 1-14

极小项			极大项		
公式	成真赋值	名称	公式	成假赋值	名称
$\neg P \wedge \neg Q \wedge \neg R$	0　0　0	m_0	$P \vee Q \vee R$	0　0　0	M_0
$\neg P \wedge \neg Q \wedge R$	0　0　1	m_1	$P \vee Q \vee \neg R$	0　0　1	M_1
$\neg P \wedge Q \wedge \neg R$	0　1　0	m_2	$P \vee \neg Q \vee R$	0　1　0	M_2
$\neg P \wedge Q \wedge R$	0　1　1	m_3	$P \vee \neg Q \vee \neg R$	0　1　1	M_3
$P \wedge \neg Q \wedge \neg R$	1　0　0	m_4	$\neg P \vee Q \vee R$	1　0　0	M_4
$P \wedge \neg Q \wedge R$	1　0　1	m_5	$\neg P \vee Q \vee \neg R$	1　0　1	M_5
$P \wedge Q \wedge \neg R$	1　1　0	m_6	$\neg P \vee \neg Q \vee R$	1　1　0	M_6
$P \wedge Q \wedge R$	1　1　1	m_7	$\neg P \vee \neg Q \vee \neg R$	1　1　1	M_7

记极大项为：

$$M_{000} = P \lor Q \lor R \qquad M_{001} = P \lor Q \lor \neg R$$

$$M_{010} = P \lor \neg Q \lor R \qquad M_{011} = P \lor \neg Q \lor \neg R$$

$$M_{100} = \neg P \lor Q \lor R \qquad M_{101} = \neg P \lor Q \lor \neg R$$

$$M_{110} = \neg P \lor \neg Q \lor R \qquad M_{111} = \neg P \lor \neg Q \lor \neg R$$

极小项具有如下性质：

（a）每个极小项都有且仅有一个成真赋值.

（b）没有两个极小项等价.

（c）任意两个极小项的合取式永假.

（d）所有极小项的析取式永真.

极大项具有如下性质：

（a）每个极大项都有且仅有一个成假赋值.

（b）没有两个极大项等价.

（c）任意两个极大项的析取式永真.

（d）所有极大项的合取式永假.

定义 1.20　设由 n 个命题变元构成的析取范式（合取范式）中所有的基本积（基本和）都是极小项（极大项），则称该析取范式（合取范式）为主析取范式（主合取范式）.

下面仅就主析取范式，讨论其存在性和惟一性，再讨论它的求法.

设 A 是任一含 n 个命题变元的公式. 已知存在与 A 等价的析取范式 A'，若 A' 的某个基本积 A_i 中既不含命题变元 P_j，也不含它的否定式 $\neg P_j$，则将 A_i 插入 1，即

$$A_i \Leftrightarrow A_i \land 1 \Leftrightarrow A_i \land (\neg P_j \lor P_j) \Leftrightarrow (A_i \land \neg P_j) \lor (A_i \land P_j))$$

重复该过程，直到所有的基本积都含任意命题变元或它的否定式. 此时 A_i 中的每个基本积均为极小项. 就将 A 化成与之等价的主析取范式 A''.

又设 A 存在两个与之等价的主析取范式 B 和 C，则 $B \Leftrightarrow C$. 由于 B 和 C 是不同的主析取范式，不妨设极小项 m_i 只出现在 B 中而不出现在 C 中，于是，m_i 在 B 中的成真赋值，却为 C 的成假赋值，这与 $B \Leftrightarrow C$ 矛盾，因而 B 与 C 必相同.

下面介绍求命题公式主析取范式（主合取范式）的一般步骤：

（a）化归为析取范式（合取范式）.

(b) 除去析取范式(合取范式)中所有永假(永真)的析取(合取)项.

(c) 将基本积(基本和)中重复出现的合取(析取)项和相同的变元合并.

(d) 对基本积(基本和)补入没有出现的命题变元,即插入

$$(\wedge T)(\vee F)$$

然后应用 $\wedge$ 对 $\vee$ ($\vee$ 对 $\wedge$) 的分配律展开公式.

对于命题公式的主析取范式(主合取范式),若将其命题变元的个数及出现次序(按字母的字典顺序)固定后,则此公式的主析取范式(主合取范式)便是惟一的. 故利用命题公式的主析取范式(主合取范式)可以判断两个命题公式是否等价.

例 1.20 求公式 $(P \leftrightarrow Q) \rightarrow R$ 的主析取范式和主合取范式.

解 (1) 求主析范式.

$$
\begin{aligned}
(P \leftrightarrow Q) \rightarrow R &\Leftrightarrow ((\neg P \vee Q) \wedge (P \vee \neg Q)) \rightarrow R \\
&\Leftrightarrow \neg((\neg P \vee Q) \wedge (P \vee \neg Q)) \vee R \\
&\Leftrightarrow (P \wedge \neg Q) \vee (\neg P \wedge Q) \vee R
\end{aligned}
$$

上式为析取范式,基本积 $P \wedge \neg Q, \neg P \wedge Q, R$ 都不是极小项,而此公式应含三个命题变元.

$$
\begin{aligned}
P \wedge \neg Q &\Leftrightarrow (P \wedge \neg Q) \wedge (\neg R \vee R) \\
&\Leftrightarrow (P \wedge \neg Q \wedge \neg R) \vee (P \wedge \neg Q \wedge R) \\
&\Leftrightarrow m_{100} \vee m_{101} \\
\neg P \wedge Q &\Leftrightarrow \neg P \wedge Q \wedge (\neg R \vee R) \\
&\Leftrightarrow (\neg P \wedge Q \wedge \neg R) \vee (\neg P \wedge Q \wedge R) \\
&\Leftrightarrow m_{010} \vee m_{011} \\
R &\Leftrightarrow (\neg P \vee P) \wedge (\neg Q \vee Q) \wedge R \\
&\Leftrightarrow m_{001} \vee m_{011} \vee m_{101} \vee m_{111}
\end{aligned}
$$

于是

$$
\begin{aligned}
(P \leftrightarrow Q) \rightarrow R &\Leftrightarrow m_{001} \vee m_{010} \vee m_{011} \vee m_{100} \vee m_{101} \vee m_{111} \\
&\Leftrightarrow m_1 \vee m_2 \vee m_3 \vee m_4 \vee m_5 \vee m_7 \\
&\Leftrightarrow \sum(1,2,3,4,5,7)
\end{aligned}
$$

（2）再求主合取范式

$$(P \leftrightarrow Q) \rightarrow R \Leftrightarrow (P \wedge \neg Q) \vee (\neg P \wedge Q) \vee R$$
$$\Leftrightarrow (P \vee Q \vee R) \wedge (\neg P \vee \neg Q \vee R)$$
$$\Leftrightarrow M_{000} \wedge M_{110}$$
$$\Leftrightarrow M_0 \wedge M_6$$
$$\Leftrightarrow \prod (0,6)$$

说明：对主合取范式的计算，可以通过主析取范式求得.

设公式 A 含有 n 个命题变元. A 的主析取范式含有 $s(0 < s < 2^n)$ 个极小项，即 $A \Leftrightarrow m_{i_1} \vee m_{i_2} \vee \cdots \vee m_{i_s}$，$0 \leqslant i_j \leqslant 2^n - 1$，$j = 1, 2, \cdots, s$. 没有出现的极小项为 $m_{j_1}, m_{j_2}, \cdots, m_{j_{2^n-s}}$，对应的二进数为 $\neg A$ 的成真赋值，因而

$$\neg A \Leftrightarrow m_{j_1} \vee m_{j_2} \vee \cdots \vee m_{j_{2^n-s}}$$

所以

$$A \Leftrightarrow \neg (m_{j_1} \vee m_{j_2} \vee \cdots \vee m_{j_{2^n-s}})$$
$$\Leftrightarrow \neg m_{j_1} \wedge \neg m_{j_2} \wedge \cdots \wedge \neg m_{j_{2^n-s}}$$
$$\Leftrightarrow M_{j_1} \wedge M_{j_2} \wedge \cdots \wedge M_{j_{2^n-s}}$$

从而，由公式的主析取范式，即可求出它的主合取范式.

习题 1.6

1. 将下列各式化为析取范式：

（a）$(P \rightarrow Q) \rightarrow R$.

（b）$\neg (P \wedge Q) \wedge (P \vee Q)$.

2. 求下列各式的主析取范式

（a）$(\neg P \rightarrow Q) \rightarrow (\neg Q \vee P)$.

（b）$P \rightarrow (Q \wedge R)$.

3. 求出下列公式的主析取范式，再用主析取范式求主合取范式.

（a）$(P \wedge Q) \vee R$.

（b）$(P \rightarrow Q) \wedge (Q \rightarrow R)$.

1.7　推　理　理　论

在数学和其他自然科学中,经常要考虑从某些前提,能够推导出什么结论.所谓推理是指从前提出发推出结论的思维过程,而前提是已知命题公式集合,结论是从前提出发应用推理规则推出的命题公式.

定义 1.21　设 $A_1, A_2, \cdots, A_k, B$ 都是命题公式,若对于 $A_1, A_2, \cdots, A_k, B$ 中出现的命题变元的任意一组赋值,$A_1 \wedge A_2 \wedge \cdots \wedge A_k \Rightarrow B$,则称由前提 $A_1, A_2, \cdots, A_k$ 推出 B 的推理是有效的或正确的,并称 B 是有效的结论.

说明:

(a) 由前提 $A_1, A_2, \cdots A_k$ 推结论 B 的推理是否正确与诸前提的排列次序无关.因而前提中的公式是一个有限公式集合.

(b) 推理正确,并不能保证结论 B 一定为真.

(c) $A_1 \wedge A_2 \wedge \cdots \wedge A_k \Rightarrow B$ 可做为推理的形式结构,还可用下述的形式结构:

前提:$A_1, A_2, \cdots, A_k$

结论:B

然后论证推理是否正确.判断推理是否正确有下面三种方法.

(a) 真值表法.

(b) 等值演算法.

(c) 主析取范式法.

从前提推出结论叫论证,有效论证的具体过程叫证明.最基本的证明方法是真值表法,直接证法,间接证法.

1. 真值表法

设 $P_1, P_2, \cdots, P_n$ 为出现在诸前提公式

$$A_1, A_2, \cdots, A_k$$

和结论 B 中的全部命题变元,假设对 $P_1, P_2, \cdots P_n$ 作出了全部的真值指派,从而确定了 $A_1, A_2, \cdots, A_k$ 及 B 的所有真值,得到公式

$$A_1 \wedge A_2 \wedge \cdots \wedge A_k \rightarrow B$$

的真值表. 验证其是否为永真式即可.

例 1.21 验证：$P \wedge (P \rightarrow Q) \Rightarrow Q$.

证明 前提 $P, P \rightarrow Q$ 含有两个命题变元,列出真值表,见表 1-15.

表 1-15

P	Q	$P \rightarrow Q$	$P \wedge (P \rightarrow Q) \rightarrow Q$
0	0	1	1
0	1	1	1
1	0	0	1
1	1	1	1

由表 1-15 知,$P \wedge (P \rightarrow Q) \Rightarrow Q$.

2. 直接证法

利用一些等价公式和一些公认的推理规则及蕴含公式,将结论推导出来.

还应遵守以下规则:

(a) P 规则. 在推导的任何步骤上都可以引入前提.

(b) T 规则. 如果公式 S 在前面的推导中已经得到,则 S 可以在以后的推导过程中引用.

(c) 代入规则. 重言式中的命题变元可代表任一命题.

例 1.22 检验下述论证的有效性.

如果我学习,则我数学不会不及格. 若我不热衷于上网玩游戏,那么我会学习. 但我数学不及格. 因此我热衷于上网玩游戏.

解 设 P:我学习,Q:我上网玩游戏,R:我的数学不及格.

前提　$P \rightarrow \neg R, \neg Q \rightarrow P, R$

结论　Q

用蕴含式表达　$(P \rightarrow \neg R) \wedge (\neg Q \rightarrow P) \wedge R \Rightarrow Q$

(1) $P \rightarrow \neg R$ 　　　P

(2) $R \rightarrow \neg P$ 　　　T　E_{18}

(3) R 　　　　　　　P

(4) $\neg P$ 　　　　　　(2),(3)　T

(5) $\neg Q \rightarrow P$ 　　　P

（6）Q （4），（5）

人们在研究推理过程中，发现一些重要的重言蕴含式，将这些重言蕴含式称为推理定律．下面给出九条重要的推理定律，它们分别是：

（a）$A \Rightarrow (A \lor B)$ 附加律

（b）$(A \land B) \Rightarrow A$ 化简律

（c）$(A \to B) \land A \Rightarrow B$ 假言推理

（d）$(A \to B) \land \neg B \Rightarrow \neg A$ 拒取式

（e）$(A \lor B) \land \neg A \Rightarrow B$ 析取三段论

（f）$(A \to B) \land (B \to C) \Rightarrow (A \to C)$ 假言三段论

（g）$(A \leftrightarrow B) \land (B \leftrightarrow C) \Rightarrow (A \leftrightarrow C)$ 等价三段论

（h）$(A \to B) \land (C \to D) \land (A \lor C) \Rightarrow (B \lor D)$ 构造性二难

     $(A \to B) \land (\neg A \to B) \land (A \land \neg A) \Rightarrow B$

（i）$(A \to B) \land (C \to D) \land (\neg B \lor \neg D) \Rightarrow (\neg A \lor \neg C)$ 破坏性二难

24 个等价公式：

E_1 $P \Leftrightarrow \neg \neg P$

E_2 $P \land Q \Leftrightarrow Q \land P$

E_3 $P \lor Q \Leftrightarrow Q \lor P$

E_4 $(P \land Q) \land R \Leftrightarrow P \land (Q \land R)$

E_5 $(P \lor Q) \lor R \Leftrightarrow P \lor (Q \lor R)$

E_6 $P \land (Q \lor R) \Leftrightarrow (P \land Q) \lor (P \land R)$

E_7 $P \lor (Q \land R) \Leftrightarrow (P \lor Q) \land (P \lor R)$

E_8 $\neg (P \land Q) \Leftrightarrow \neg P \lor \neg Q$

E_9 $\neg (P \lor Q) \Leftrightarrow \neg P \land \neg Q$

E_{10} $P \lor P \Leftrightarrow P$

E_{11} $P \land P \Leftrightarrow P$

E_{12} $R \lor (P \land \neg P) \Leftrightarrow R$

E_{13} $R \land (P \lor \neg P) \Leftrightarrow R$

E_{14} $R \lor (P \lor \neg P) \Leftrightarrow T$

E_{15} $R \land (P \land \neg P) \Leftrightarrow F$

E_{16}　　$P \rightarrow Q \Leftrightarrow \neg P \vee Q$

E_{17}　　$\neg(P \rightarrow Q) \Leftrightarrow P \wedge \neg Q$

E_{18}　　$P \rightarrow Q \Leftrightarrow \neg Q \rightarrow \neg P$

E_{19}　　$P \rightarrow (Q \rightarrow R) \Leftrightarrow (P \wedge Q) \rightarrow R$

E_{20}　　$P \leftrightarrow Q \Leftrightarrow (P \rightarrow Q) \wedge (Q \rightarrow P)$

E_{21}　　$P \leftrightarrow Q \Leftrightarrow (P \wedge Q) \vee (\neg P \wedge \neg Q)$

E_{22}　　$\neg(P \leftrightarrow Q) \Leftrightarrow P \leftrightarrow \neg Q$

E_{23}　　$P \vee \neg P \Leftrightarrow T$

E_{24}　　$P \wedge \neg P \Leftrightarrow F$

每一个等价公式都可派生出两条推理定律.

3. 间接证法(逆反证法)

因 $P \rightarrow Q \Leftrightarrow \neg Q \leftrightarrow \neg P$,对 $\neg Q \rightarrow \neg P$ 进行直接证明,即设 Q 为假,推出 P 为假.

4. 反证法

对于类似

$$A_1 \wedge A_2 \wedge \cdots \wedge A_k \Rightarrow B$$

的问题,记为 $S \Rightarrow B$,即 $S \rightarrow B \Leftrightarrow T$,$\neg S \vee B \Leftrightarrow T$,故 $S \wedge \neg B \Leftrightarrow F$ 出现矛盾.

反证法一般适用于结论为否定形式.

例 1.23　证明:$P \rightarrow \neg Q, P \vee S, S \rightarrow \neg Q, R \rightarrow Q \Rightarrow \neg R$

证明

(1)　$\neg \neg R$　　　　　　P(附加)

(2)　R　　　　　　　　T

(3)　$R \rightarrow Q$　　　　　P

(4)　Q　　　　　　　　(2),(3)　T

(5)　$S \rightarrow \neg Q$　　　　P

(6)　$\neg S$　　　　　　　(4),(5)　T

(7)　$P \vee S$　　　　　P

(8)　P　　　　　　　　(6),(7)　T

(9)　$P \rightarrow \neg Q$　　　　P

(10)　$\neg Q$　　　　　　(8),(9)　T

(11) $Q \wedge \neg Q$　　　(4),(10)　矛盾

5. CP 规则

对于

$$(A_1 \wedge A_2 \wedge \cdots \wedge A_k) \Rightarrow (P \rightarrow Q)$$

形式结构的证明,结论为条件式. 此时可将结论中的前件也做为推理的前提,使结论只为 B. 其正确性如下证明.

$$(A_1 \wedge A_2 \wedge \cdots \wedge A_k) \rightarrow (A \rightarrow B)$$
$$\Leftrightarrow \neg(A_1 \wedge A_2 \wedge \cdots \wedge A_k) \vee (\neg A \vee B)$$
$$\Leftrightarrow (\neg(A_1 \wedge A_2 \wedge \cdots \wedge A_k) \vee \neg A) \vee B$$
$$\Leftrightarrow \neg(A_1 \wedge A_2 \wedge \cdots \wedge A_k \wedge A) \vee B$$
$$\Leftrightarrow (A_1 \wedge A_2 \wedge \cdots \wedge A_k \wedge A) \rightarrow B$$

即将结论 $A \rightarrow B$ 中的 A 附加于前提 $A_1, A_2, \cdots, A_k$ 之中,证明 B 为真.

例 1.24　证明:$P \rightarrow Q \vee R, Q \rightarrow \neg P, S \rightarrow \neg R \Rightarrow P \rightarrow \neg S.$

证明

(1) P　　　　　　　P(附加)

(2) $P \rightarrow Q \vee R$　　　P

(3) $Q \vee R$　　　　　(1),(2)　T

(4) $Q \rightarrow \neg P$　　　　P

(5) $\neg Q$　　　　　　(1),(4)　T

(6) R　　　　　　　(3),(5)　T

(7) $S \rightarrow \neg R$　　　　P

(8) $\neg S$　　　　　　(6),(7)　T

(9) $P \rightarrow \neg S$　　　　CP

6. 分情况证明

对于 $(A_1 \vee A_2 \vee \cdots \vee A_k) \rightarrow B$ 形式结构的证明.

$$(A_1 \vee A_2 \vee \cdots \vee A_k) \rightarrow B$$
$$\Leftrightarrow \neg(A_1 \vee A_2 \vee \cdots \vee A_k) \vee B$$
$$\Leftrightarrow (\neg A_1 \wedge \neg A_2 \wedge \cdots \wedge \neg A_k) \vee B$$
$$\Leftrightarrow (\neg A_1 \vee B) \wedge (\neg A_2 \vee B) \wedge \cdots \wedge (\neg A_k \vee B)$$
$$\Leftrightarrow (A_1 \rightarrow B) \wedge (A_2 \rightarrow B) \wedge \cdots \wedge (A_k \rightarrow B)$$

即对 $\forall_i(1 \leqslant i \leqslant k)$, $A_i \rightarrow B$ 为真.

习题 1.7

1. 用推理规则证明以下各式:

(a) $\neg(P \wedge \neg Q)$, $\neg Q \vee R$, $\neg R \Rightarrow \neg P$

(b) $P \wedge Q$, $(P \leftrightarrow Q) \rightarrow (R \vee S) \Rightarrow R \vee S$

(c) $\neg P \vee Q$, $R \rightarrow \neg Q \Rightarrow P \rightarrow \neg R$

(d) $P \vee Q \rightarrow R \wedge S$, $S \vee T \rightarrow H \Rightarrow P \rightarrow H$

(e) $P \rightarrow (Q \rightarrow R)$, P, $Q \Rightarrow R \vee S$

(f) $P \rightarrow R$, $Q \rightarrow S$, $P \wedge Q \Rightarrow R \vee S$

(g) $P \rightarrow (Q \rightarrow R)$, $S \rightarrow P$, $Q \Rightarrow S \rightarrow R$

(h) $P \rightarrow \neg Q$, $\neg R \vee Q$, $R \wedge \neg S \Rightarrow \neg P$

(i) $P \vee Q$, $P \rightarrow R$, $Q \rightarrow S \Rightarrow R \vee S$

2. 对下面每一个前提集合,列出能得到的恰当结论和应用于这一情况的推理规则:

(a) 如果考试通过了,那么我很高兴. 若我很高兴,则我的饭量增加. 我的饭量减少.

(b) 若 a 是奇数,则 a 不能被 2 整除. 若 a 是偶数,则 a 能被 2 整除. a 是偶数.

第 2 章　谓 词 逻 辑

　　在命题逻辑中,主要研究命题和命题演算.简单命题是演算的基本单位,不再对其进行分解.故无法研究命题内部的成分、结构及其逻辑特征.

　　在许多简单命题之间,常常有一些共同特征,例如,李明是大学生 P,张华是大学生 Q,但它们有共同的属性:"是大学生".若另记为 $P(x):x$ 是大学生,李明 a,张华 b,则可分别记上两个命题为 $P(a)$ 和 $P(b)$.故有必要引入新的符号;此外,简单命题的表达方法虽然简单,但有时不能完全表达前提和结论之间的关系,没有考虑命题之间的内在联系和数量关系.因而命题逻辑具有局限性,甚至无法判断一些简单而明显成立的推理,如著名的苏格拉底论断.故需要进一步改善命题演算的符号体系,引入新的概念和符号系统,即谓词、量词、相应的推理规则,这就是谓词逻辑所研究的内容.

2.1　谓词的概念与表示

　　用三种不同的数学模型来说明谓词的概念.

　　(a) 5 是质数.

　　(b) 张宁生于北京.

　　(c) $12=4\times3$.

我们分别得到三种模式:

　　(a) x 是质数,"是质数"刻画了 x 的性质.

　　(b) x 生于 y,"生于"刻画了 x、y 的关系.

　　(c) $x=y\times z$,"$\cdots=\cdots\times\cdots$"刻画了 x、y、z 的关系.

　　定义 2.1　在有关论述域中用以刻画客体的性质或关系的形式符号称为谓词.

　　"是质数","生于","$\cdots=\cdots\times\cdots$"都是谓词.谓词一般用大写字母 P,

$Q,R\cdots$表示,客体用小写字母 $a,b,c\cdots$等表示.同时也泛指具体的或特定的客体,而将表示抽象或泛指的客体称为个体变元,常用 $x,y,z\cdots$表示.并称个体变元的取值范围为个体域.由宇宙间一切事物组成的个体域称为全总个体域.

例 2.1 用谓词表达命题:张宁生于北京.

解 谓词 $P(x,y)$:x 生于 y,a:张宁,b:北京,则命题可描述为 $P(a,b)$.

单独的个体和谓词不能构成命题,故用谓词表达命题,必须包括客体和谓词字母两个部分,不能分开.

我们将 $P(x)$ 称作一元谓词,$P(x,y)$ 称作二元谓词,$P(x,y,z)$ 称作三元谓词.

定义 2.2 n 个个体变元的谓词称作 n 元谓词.

n 元谓词需要 n 个客体放在固定的位置上 $P(x_1,x_2,\cdots,x_n)$.

代表客体的字母在多元谓词表示式中出现的次序与事先约定有关,若约定次序后,$P(a,b,c)$ 和 $P(b,a,c)$ 应为两个不同的命题.

有时将不带个体变元的谓词称为 0 元谓词,例如 $P(a)$,$F(a,b)$,$P(a_1,a_2,\cdots,a_n)$ 等都是 0 元谓词,当 P,F 为谓词常元时,0 元谓词为命题,于是,命题逻辑中的命题均可以表示成 0 元谓词,因而可将命题看成特殊的谓词.

习题 2.1

1. 用谓词表达写出下列命题:

(a) 张山不是运动员.

(b) 他是学生或教师.

(c) 2 或 5 是质数.

(d) 若 x 是奇数,则 $2x$ 不是奇数.

2.2 命题函数与量词

所谓简单命题函数即由一个谓词、一些客体变元组成的表达式.由一

个或 n 个简单命题函数以及逻辑联结词组合而成的表达式则称之为复合命题函数.

例 2.3　用谓词表达式描述命题:黄山比泰山好.

解　$P(x,y)$:x 比 y 好,a:黄山,b:泰山,则命题可描述为 $P(a,b)$.

命题函数不是一个命题,只有客体变元取特定名称时,才能成为一个命题.但一般与所讨论的个体域有关.

用谓词表达命题时,对有些命题来说,还是不能准确地符号化,原因是还缺少表示个体变元之间数量关系.有时也并不能表达反映全称判断和特称判断的命题,故有必要引入反映这两种判断的量词及其符号.

定义 2.3　日常生活和数字中常用的"一切的","所有的","每一个","任意的","凡","都"等词可统称为全称量词,将它们符号化为"$\forall$".并用 $\forall x$,$\forall y$ 等表示个体域里的所有个体.

定义 2.4　日常生活和数学中常用的"存在","有一个","有的","至少有一个"等词统称为存在量词,将它们都符号化为"$\exists$".并用 $\exists x$,$\exists y$ 等表示个体域里有的个体.

例 2.4　在个体域分别限制为 (a) 和 (b) 条件时,将下面两个命题符号化:

(1) 所有人都是要呼吸的.

(2) 有的人用左手打球.

其中:(a) 个体域 D_1 为人类集合;

(b) 个体域 D_2 为全总个体域.

解　(a) 令 $F(x)$:x 呼吸.$H(x)$:x 用左手打球.

(1) $\forall xF(x)$

(2) $\exists xH(x)$

(b) D_2 中除有人外,还有万物,所以在 (1),(2) 符号化时,必须考虑将人先分离出来.设 $M(x)$:x 是人.此时有

(1) $\forall x(M(x) \rightarrow F(x))$

(2) $\exists x(M(x) \wedge F(x))$

上述 $M(x)$ 可理解为特性谓词,在使用全总个体域时,将人从其他事物中区别出来.一般地,对全称量词,此特性谓词常作条件式前件,而对存

在量词,此特性谓词常作合取项.

在本书中,涉及到命题符号化时,若没有指明个体域,就采用全总个体域.

例 2.5 将下列命题符号化:

(a) 没有不犯错误的人.

(b) 所有的人都在运动场上活动.

解 由于本题没有提出个体域,因而应采用全总个体域,并令 $M(x):x$ 是人.

(a) 令 $F(x):x$ 犯错误. 命题(a) 符号化为

$$\neg(\exists x(M(x) \wedge \neg F(x)))$$

(b) 令 $P(x):x$ 在运动场上活动. 命题(b) 符号化为

$$\forall x(M(x) \rightarrow P(x))$$

在谓词 $P(x),P(x,y),\cdots$ 等前面加上量词 $\forall x, \exists y$,即是变元被全称量化或存在量化. 而量化的作用是约束变元,量化后所得命题的真值与论述域有关.

下面讨论 $n(n \geq 2)$ 元谓词的符号化问题.

例 2.6 将下列命题符号化:

(a) 对于所有的自然数,均有 $x+y \geq x$.

(b) 某些人对某些药物过敏.

解 采用全总个体域.

(a) 令 $N(x):x$ 是自然数,$F(x,y):x+y \geq x$. (a)命题符号化为

$$\forall x \forall y(N(x) \wedge N(y) \rightarrow F(x,y))$$

(b) 令 $M(x):x$ 是人,$G(x):x$ 是药物,$F(x,y):x$ 对 y 过敏. (b) 命题符号化为

$$\exists x \exists y(M(x) \wedge G(y) \wedge F(x,y))$$

习题 2.2

1. 用谓词表达式写出下列命题:

(a) 每一个有理数是实数.

(b) 并非每一个实数都是有理数.

(c) 直线 A 平行于直线 B 当且仅当直线 A 不相交于直线 B.

(d) 在美国留学的学生未必都是中国人.

2. 找出下列句子所对应的谓词表达式：

(a) 某些运动员是大学生.

(b) 没有运动员不是强壮的.

(c) 有的火车比有的汽车快.

(d) 所有学生都钦佩某些教师.

2.3　谓词公式与变元的约束

在谓词表达式中,不出现命题联结词和量词的谓词 $P(x_1, x_2 \cdots, x_n)$ 称为谓词演算的原子公式.

由原子公式出发,我们可以定义谓语演算的合式公式,简称公式.

定义 2.5　合式公式定义如下：

(a) 原子公式是合式公式.

(b) 若 A 是合式公式,是 $(\neg A)$ 也是合式公式.

(c) 若 A, B 是合式公式,是 $(A \land B)$, $(A \lor B)$, $(A \rightarrow B)$, $(A \leftrightarrow B)$ 也是合式公式.

(d) 若 A 是合式公式,则 $\forall x A$, $\exists x A$ 也是合式公式.

(e) 只有有限次地应用 $(a) \sim (d)$ 构成的符号串才是合式公式.

利用谓词公式可以更广泛、更深入地表达自然语言中的有关命题.

例 2.7　在数学分析中极限定义为：任给小正数 ε,则存在一个正数 δ,使得当 $0 < |x - a| < \delta$ 时,有 $|f(x) - b| < \varepsilon$. 此时即称 $\lim\limits_{x \to a} f(x) = b$.

解　令 $P(x, y)$: x 大于 y, $Q(x, y)$: x 小于 y,故 $\lim\limits_{x \to a} f(x) = b$ 可表示为：

$$\forall \varepsilon \exists \delta \forall x(((P(\varepsilon, 0) \rightarrow P(\delta, 0)) \land Q(|x - a|, \delta) \land P(|x - a|, 0))$$
$$\rightarrow Q(|f(x) - b|, \varepsilon))$$

定义 2.6　在公式 $\forall x A$ 和 $\exists x A$ 中,称 x 为指导变元, A 为相应量词的辖域. 在 $\forall x$ 和 $\exists x$ 的辖域中, x 的所有出现都称为约束出现, A 中不是约束出现的其他变元均称为是自由出现的.

例如，$\forall x(F(x,y) \rightarrow G(x,z))$ 中 x 是指导变元，量词 $\forall$ 的辖域为 $F(x,y) \rightarrow G(x,z)$，$x$ 是约束出现的，$y、z$ 是自由出现的.

例 2.8　指出下列公式中的指导变元，各量词的辖域，自由变元及约束变元.

$$\forall x(F(x) \rightarrow G(x,y)) \rightarrow \exists y(H(x) \wedge L(x,y,z))$$

解　公式中含两个量词，前件上的量词的指导变元为 x，$\forall$ 的辖域为 $F(x) \rightarrow G(x,y)$，其中 x 是约束出现的，y 是自由出现的. 后件中的量词的指导变元为 y，$\exists$ 的辖域为 $H(x) \wedge L(x,y,z)$，其中 y 是约束出现的，x,z 是自由出现的. 在整个公式中，x 约束两次，自由出现两次，y 约束一次，自由出现一次，z 只自由出现一次.

在该例中，同一变元既有约束出现，又有自由出现，这是允许的，但是为了避免混淆，我们通常通过改名规则，使得一个公式中一个变元仅以一种形式出现.

约束变元的换名规则是将量词辖域中出现的某个约束变元及对应的作用变元，改成辖域中未曾出现过的个体变元符号，公式中其余变元符号不变. 如将 $\forall xP(x,y) \rightarrow Q(x)$ 改为 $\forall zP(z,y) \rightarrow Q(x)$. 或利用自由变元的代入规则，它是指对某个自由出现的个体变元与原公式中所有个体变元符号都不同的个体变元符号去代入，且处处代入. 如

$$\forall x(F(x,y) \rightarrow G(x,z))$$

可改为

$$\forall xF(x,y) \rightarrow G(\omega,z)$$

习题 2.3

1. 令 $P(x)$：x 是质数，$E(x)$：x 是偶数，$O(x)$：x 是奇数，$D(x,y)$：x 除尽 y. 将下列各式译成汉语.

(a) $P(3)$

(b) $P(5) \wedge P(4)$.

(c) $\forall x(E(x) \rightarrow \forall y(D(x,y) \rightarrow E(y)))$.

(d) $\forall x(O(x) \rightarrow \forall y(P(y) \rightarrow \neg D(x,y)))$.

2. 利用谓语公式翻译下列命题：

（a）没有一个奇数是偶数.

（b）一个整数是奇数，如果它的平方是奇数.

3. 令 $P(x)$: x 是一个点，$L(x)$: x 是一条直线，$R(x,y,z)$: z 通过 x 和 y，$E(x,y)$: $x=y$. 符号化下面的句子：对每两个点有且仅有一条直线通过该两点.

4. 指出下列表达式中的自由变元和约束变元，并指明量词的辖域：

（a）$\forall x(F(x) \wedge Q(x,y)) \rightarrow \exists xP(x) \vee R(x)$.

（b）$\forall x(P(x) \rightarrow \exists xQ(x) \rightarrow (\forall xH(x) \wedge R(x)))$.

5. 如果论述域是集合 $\{a,b,c\}$，试消去下面公式中的量词：

（a）$\forall x(F(x) \rightarrow G(x))$.

（b）$\forall xP(x) \wedge \forall xQ(x)$.

（c）$\exists xF(x) \vee \exists xG(x)$.

6. 将下列各式改名，使自由变元和约束变元不用相同的符号.

（a）$\forall x(P(x,y) \rightarrow Q(x,y) \vee F(x,y) \wedge \exists xG(x)$.

（b）$P(x,y) \rightarrow \forall x(F(x,y) \wedge \exists zG(x,z))$.

2.4 谓词演算的等价式与蕴含式

在谓词公式中，当个体变元由确定的实体所取代，命题变元用确定的命题所取代时，就称作对谓词公式进行赋值（或解释）.

对于任意给定谓词公式 A，其个体域为 E，若对于 A 的所有解释，公式 A 都为真，则称公式 A 在 E 上是有效的（或称永真式）；若对于 A 的所有解释，公式 A 都为假，则称公式 A 在 E 上永假式（或称矛盾式）；若至少存在一个解释使 A 为真，则称 A 为可满足式.

若谓词公式 A 的个体域是有限的，谓词的解释也是有限的，则可用真值表判定谓词公式 A 是否永真. 在谓词演算中，由于公式的复杂性和解释的多样性，还很难找出一种可行的算法，用来判断任意一个公式是否是可满足的.

定义 2.7 设 A_0 是含命题变元 $P_1,P_2,\cdots,P_n$ 的命题公式，$A_1,A_2,\cdots,A_n$ 是 n 个谓词公式，用 $A_i(1 \leqslant i \leqslant n)$ 处处代替 A_0 中的 P_i，所得公式

A 称为 A_0 的代换实例.

例如, $F(x) \lor (F(x) \to G(x))$, $\forall xF(x) \lor (\forall xF(x) \to \exists y(G(y)))$ 等都是 $P \lor (P \to Q)$ 的代换实例. 另外, 还有下面结论成立:

重言式的代换实例都是永真式, 矛盾式的代换实例都是矛盾式.

定义 2.8 设 A, B 是谓词演算中任意两个公式, 若 $A \leftrightarrow B$ 是永真式, 则称 A 与 B 是等价的. 记作 $A \Leftrightarrow B$, 称 $A \Leftrightarrow B$ 是等价式.

同命题逻辑中的等价公式一样, 有一些重要的等价式已被证明, 由这些重要的等价式可以推演出更多的等价式.

以下介绍几组基本而重要的等价公式:

第一组 命题逻辑中的重言式的代换实例. 第 1 章 1.7 中的 24 组等价式给出的代换实例都是谓词演算的等价式. 例如:

$$\forall xF(x) \Leftrightarrow \neg\neg\forall xF(x)$$

$$\forall x(P(x) \to Q(x)) \Leftrightarrow \forall x(\neg P(x) \lor Q(x))$$

$$\forall xP(x) \to \exists yQ(y) \Leftrightarrow \neg\forall xP(x) \lor \exists yQ(y)$$

第二组 量词与联结词 $\neg$ 之间的关系(量词的否定)

(a) $\neg\forall xA(x) \Leftrightarrow \exists x\neg A(x)$

(b) $\neg\exists xA(x) \Leftrightarrow \forall x\neg A(x)$

说明: 否定词可通过量词深入到辖域. 若将 $A(x)$ 看作整体, 那么将 $\forall x$ 和 $\exists x$ 两者互换, 可以一式得到另一式, 这说明 $\forall x$, $\exists x$ 具有对偶性. 两个量词可以互相表达, 所以有一个量词就够了, 同时说明出现在量词之前的否定, 不是否定该量词, 而是否定被量化了的整个命题 $A(x)$.

例 2.9 $\neg\forall x\forall y\exists z(x+y=z)$

$$\Leftrightarrow \exists x\neg\forall y\exists z(x+y=z)$$

$$\Leftrightarrow \exists x\exists y\neg\exists z(x+y=z)$$

$$\Leftrightarrow \exists x\exists y\forall z\neg(x+y=z)$$

$$\Leftrightarrow \exists x\exists y\forall z(x+y\neq z)$$

第三组 量词辖域的扩张与收缩

设 $A(x)$ 是任意的含自由出现个体变元上的公式, B 中不含 x 的出现, 则

(a) $\forall x(A(x) \lor B) \Leftrightarrow \forall xA(x) \lor B$

$$\forall x(A(x) \wedge B) \Leftrightarrow \forall xA(x) \wedge B$$

$$\forall x(A(x) \rightarrow B) \Leftrightarrow \exists xA(x) \rightarrow B$$

$$\forall x(B \rightarrow A(x)) \Leftrightarrow B \rightarrow \forall xA(x)$$

(b) $\exists x(A(x) \vee B) \Leftrightarrow \exists xA(x) \vee B$

$$\exists x(A(x) \wedge B) \Leftrightarrow \exists xA(x) \wedge B$$

$$\exists x(A(x) \rightarrow B) \Leftrightarrow \forall xA(x) \rightarrow B$$

$$\exists x(B \rightarrow A(x)) \Leftrightarrow B \rightarrow \exists xA(x)$$

第四组　量词分配等价式

设 $A(x)$，$B(x)$ 是任意的含自由出现个体变元 x 的公式，则

(a) $\forall x(A(x) \wedge B(x)) \Leftrightarrow \forall xA(x) \wedge \forall x(Bx)$

(b) $\exists x(A(x) \vee B(x)) \Leftrightarrow \exists xA(x) \vee \exists xB(x)$

另外，还有三条规则：

(a) 置换规则

设 $\Phi(A)$ 是含公式 A 的公式，$\Phi(B)$ 是用公式 B 取代 $\Phi(A)$ 中的所有的 A 之后的公式，若 $A \Leftrightarrow B$，则有 $\Phi(A) \Leftrightarrow \Phi(B)$.

(b) 换名规则

设 A 是一公式，将 A 中某量词辖域中某约束变元的所有出现及相应的指导变元，改成该量词辖域中未曾出现过的某个体变元符号，公式中其余部分不变，设所得公式为 A'，则 $A' \Leftrightarrow A$.

(c) 代替规则

设 A 是一公式，将 A 中某个自由出现的个体变元的所有出现用 A 中未曾出现过的个体变元符号代替，A 中其余部分不变，设所得公式为 A'，则 $A' \Leftrightarrow A$.

例 2.10　证明：

(a) $\forall x(A(x) \vee B(x)) \not\Leftrightarrow \forall xA(x) \vee \forall xB(x)$

(b) $\exists x(A(x) \wedge B(x)) \not\Leftrightarrow \exists xA(x) \wedge \exists xB(x)$

其中 $A(x)$，$B(x)$ 为含 x 自由出现的公式

证明　(a) 只要证明 $\forall xA(x)) \vee B(x)) \leftrightarrow \forall xA(x) \vee \forall xB(x)$ 不是永真式.

取解释 I 为：个体域为实数集合 R. 取 $F(x)$：x 是有理数，代替 $A(x)$，

$G(x)$: x 是无理数,代替 $B(x)$,则 $\forall x(F(x) \vee G(x))$ 为真命题,而

$$\forall xF(x) \vee \forall xG(x)$$

为假命题,因而它不是永真式.

同样可类似地讨论(b).

例 2.11 证明:

(a) $\neg \exists x(F(x) \wedge G(x)) \Leftrightarrow \forall x(F(x) \rightarrow \neg G(x))$

(b) $\neg \forall x(P(x) \rightarrow Q(x)) \Leftrightarrow \exists x(P(x) \wedge \neg Q(x))$

证明 (a) $\neg \exists x(F(x) \wedge G(x))$

$\qquad \Leftrightarrow \forall x \neg (F(x) \wedge G(x))$

$\qquad \Leftrightarrow \forall x(\neg F(x) \vee \neg G(x))$

$\qquad \Leftrightarrow \forall x(F(x) \rightarrow \neg Q(x))$

$\qquad$ (b) $\neg \forall x(P(x) \rightarrow Q(x))$

$\qquad \Leftrightarrow \exists x \neg (P(x) \rightarrow Q(x))$

$\qquad \Leftrightarrow \exists x \neg (\neg P(x) \vee Q(x))$

$\qquad \Leftrightarrow \exists x(P(x) \wedge \neg Q(x))$

以下是几组基本的蕴含式:

(a) $\forall xA(x) \vee \forall xB(x) \Rightarrow \forall x((Ax) \vee B(x))$

(b) $\exists x(A(x) \wedge B(x)) \Rightarrow \exists xA(x) \wedge \exists xB(x)$

(c) $\forall x(A(x) \rightarrow B(x)) \Rightarrow \exists xA(x) \rightarrow \forall xB(x)$

(d) $\forall x(A(x) \leftrightarrow B(x)) \Rightarrow \forall xA(x) \leftrightarrow \forall xB(x)$

其中 $A(x)$,$B(x)$ 是任意的含自由出现个体变元 x 的公式.

例 2.12 证明:$\exists x(A(x) \rightarrow B(x)) \Rightarrow \forall xA(x) \rightarrow \exists xB(x)$

证明 $\exists x(A(x) \rightarrow B(x))$

$\qquad \Rightarrow \exists x(\neg A(x) \vee B(x))$

$\qquad \Rightarrow \exists x \neg A(x) \vee \exists xB(x)$

$\qquad \Rightarrow \neg \forall xA(x) \vee \exists xB(x)$

$\qquad \Rightarrow \forall xA(x) \rightarrow \exists xB(x)$

习题 2.4

1. 设论述域是 $\{a_1, a_2, \cdots, a_n\}$,试证明下列等价式:

(a) $\neg \forall x P(x) \Leftrightarrow \exists x \neg P(x)$.

(b) $\exists x(A(x) \wedge B(x)) \Rightarrow \exists x A(x) \wedge \exists x B(x)$.

2. 一个公式,如果量词都非否定地放在全式的开头,没有括号将它们彼此隔开,而它们的辖域都延伸到整个公式,则称这样的公式为前束范式.应用置换规则,换名规则,代替规则,量词否定,量词辖域扩张,量词分配等就可以求出公式等价的前束范式.例如:

$$\forall x F(x) \wedge \neg \exists x G(x)$$
$$\Leftrightarrow \forall x F(x) \wedge \neg \exists y G(y)$$
$$\Leftrightarrow \forall x F(x) \wedge \forall y \neg G(y)$$
$$\Leftrightarrow \forall x(F(x) \wedge \forall y \neg G(y))$$
$$\Leftrightarrow \forall x \forall y(F(x) \wedge \neg G(y))$$

试求下列各式的前束范式:

(a) $\forall x F(x) \rightarrow \forall y G(x,y)$

(b) $\forall x(F(x,y) \rightarrow \exists y G(x,y,z))$

(c) $\forall x(F(x) \rightarrow G(x,y) \rightarrow (\exists y H(y) \rightarrow \exists z L(y,z))$

3. 将下列命题符号化,要求符号化的公式全为前束范式:

(a) 有的汽车比有的火车跑得快.

(b) 有的火车比所有的汽车跑得快.

2.5　谓词演算的推理理论

若将命题演算推理方法推广到谓词演算中去,会得到有关谓词演算的许多推理方法.谓词演算中的有些等价式和蕴含式就是命题演算有关公式的推广.

在谓词逻辑中,推理的形式结构仍为 $A_1 \wedge A_2 \wedge \cdots \wedge A_k \rightarrow B$,若其为永真式,则称推理正确.称 B 为前提 $A_1, A_2, \cdots, A_k$ 的逻辑结论.

在谓词逻辑中称永真的蕴含式为推理定律,若一个推理的形式结构正是某条推理定律,则这个推理显然是正确的.

有以下几组推理定律:

第一组　命题逻辑推理定律的代换实例.例如:

$$\forall xF(x) \land \forall yG(y) \Rightarrow \forall xF(x)$$
$$\exists xF(x) \Rightarrow \exists xF(x) \lor \exists yG(y) \cdots$$

分别为命题逻辑中化简律和附加律的代换实例.

第二组 每个基本等价式生成两条推理定律. 例如：

$$\neg \forall xF(x) \Rightarrow \exists x \neg F(x)$$
$$\exists x \neg F(x) \Rightarrow \neg \forall xF(x)$$

和

$$\forall xF(x) \Rightarrow \neg \neg \forall xF(x)$$
$$\neg \neg \forall xF(x) \Rightarrow \forall xF(x) \quad \cdots$$

分别由量词否定等价式和双重否定律生成.

第三组 量词分配生成的推理定律. 例如：

$$\forall xA(x) \lor \forall xB(x) \Rightarrow \forall x(A(x) \lor B(x))$$
$$\exists x(A(x) \land B(x)) \Rightarrow \exists xA(x) \land \exists xB(x)$$
$$\forall x(A(x) \to B(x)) \Rightarrow \exists xA(x) \to \forall xB(x)$$
$$\exists x(A(x) \to B(x)) \Rightarrow \forall xA(x) \to \exists xB(x)$$
$$\cdots$$

在谓词推理中,某些前提与结论可能是受量词限制的,为了使用这些等价式和蕴含式,必须在推理过程中有消去和添加量词的规则,以便使谓词演算公式的推理过程可类似于命题演算的推理理论那样进行. 为了构造推理系统,还要给出 4 条重要的推理规则,即消去量词和引入量词的规则.

（a）全称量词消去规则（US）

$$\frac{\forall xP(x)}{\therefore P(y)} \text{ 或 } \frac{\forall xP(x)}{\therefore P(c)}$$

两式成立的条件是：

在第一式中,取代 x 的 y 应为任意的不在 $P(x)$ 中约束出现的个体变元.

在第二式中,c 为任意个体常元.

用 y 或 c 去取代 $P(x)$ 中的自由出现的 x 时,一定要在 x 自由出现的一切地方进行取代.

在使用 US 规则时,用第一式还是第二式要根据具体情况而定.

（b）全称量词引入规则（UG）

$$\frac{P(y)}{\therefore \forall x P(x)}$$

该式成立的条件是:

y 在 $P(y)$ 中自由出现且 y 取任何值时,$P(y)$ 应该均为真.

取代自由出现的 y 的 x 也不能在 $P(y)$ 中约束出现.

（c）存在量词消去规则（ES）

$$\frac{\exists x P(x)}{\therefore P(c)}$$

该式成立的条件是:

c 是使 P 为真的特定的个体常元.

c 不在 $P(x)$ 中出现.

若 $P(x)$ 中除自由出现的 x 外,还有其他自由出现的个体变元,此规则不能使用.

（d）存在量词引入规则（EG）

$$\frac{P(c)}{\therefore \exists x P(x)}$$

该式成立的条件是:

c 是特定的个体常元.

取代 c 的 x 不能在 $P(c)$ 中出现过.

这 4 条规则,一定对辖域为整个公式(除量词外)的量词作用,不能对出现在公式中间的量词使用它们.

US 和 ES 主要用于推导过程中删除量词,一旦删去量词,就可以象命题演算一样完成推导过程,从而获得相应的结论. UG 和 EG 主要用于使讨论呈量化形式. 特别注意,使用 ES 而产生的自由变元不能留在结论中,因为它只是暂时的假设,在推导结束之前,必须使用 ES 使之成为约束变元.

还有一点说明,就是只能对前束范式使用 US,UG,ES,EG 规则.

例 2.13 构造下面推理的证明:

任何自然数都是整数. 存在着自然数. 所以存在着整数. 个体域为实

数集合 R.

解 先将原子命题符号化.

设 $F(x):x$ 为自然数，$G(x):x$ 为整数

前提：$\forall x(F(x) \rightarrow G(x))$，$\exists xF(x)$

结论：$\exists xG(x)$

证明：

①$\exists xF(x)$ 前提引入

②$F(c)$ ①ES 规则

③$\forall x(F(x) \rightarrow G(x))$ 前提引入

④$F(c) \rightarrow G(c)$ ③US 规则

⑤$G(c)$ ②④假言推理

⑥$\exists xG(x)$ ⑤EG 规则

注意本例推导过程中第(2)与第(4)两条次序不能颠倒，应先 ES，后 US.

例 2.14 构造下面推理的证明(个体域为实数集合)：

不存在能表示成分数的无理数. 有理数都能表示成分数. 因此，有理数都不是无理数.

解 设 $Q(x):x$ 为有理数，$F(x):x$ 为无理数，$H(x):x$ 能表示成分数.

前提：$\neg \exists x(F(x) \wedge H(x))$，$\forall x(Q(x) \rightarrow H(x))$

结论：$\forall x(Q(x) \rightarrow \neg F(x))$

证明：

①$\neg \exists x(F(x) \wedge H(x))$ 前提引入

②$\forall x(\neg F(x) \vee \neg H(x))$ ①置换

③$\forall x(H(x) \rightarrow \neg F(x))$ ②置换

④$H(y) \rightarrow \neg F(y)$ ③US 规则

⑤$\forall x(Q(x) \rightarrow H(x))$ 前提引入

⑥$Q(y) \rightarrow H(y)$ ⑤US 规则

⑦$Q(y) \rightarrow \neg F(y)$ ⑥④假言三段论

⑧$\forall x(G(x) \rightarrow \neg F(x))$ ⑦UG 规则

说明:

注意: $\neg \exists x(F(x) \wedge H(x))$ 不是前束范式,因而不能对它们使用 ES 规则.

因为结论中的量词是全称量词 $\forall$,因而在使用 US 规则时用第一式,而不能用第二式.

例 2.15 证明苏格拉底三段论:"凡人都要死,苏格拉底是人. 所以苏格拉底是要死的.

解 个体域未指明,故应为全总个体域.

设 $F(x):x$ 是人, $G(x):x$ 是要死的, $a:$ 苏格拉底.

前提: $\forall x(F(x) \rightarrow G(x)), F(a)$

结论: $G(a)$

证明:

①$F(a)$ 前提引入

②$\forall x(F(x) \rightarrow G(x))$ 前提引入

③$F(a) \rightarrow G(a)$ ②US 规则

④$G(a)$ ①③假言推理

习题 2.5

1. 证明下列各式:

(a) $\forall x(\neg P(x) \rightarrow Q(x)), \forall x \neg Q(x) \Rightarrow \exists x P(x)$

(b) $\forall x(P(x) \vee Q(x)) \Rightarrow \forall x P(x) \vee \exists x Q(x)$

2. 构造下面推理的证明:

(a) 前提: $\exists x P(x) \rightarrow \forall y((P(y) \vee Q(y) \rightarrow R(y))), \exists x P(x)$

    结论: $\exists x R(x)$

(b) 前提: $\forall x(P(x) \vee Q(x)), \neg \exists x Q(x)$

    结论: $\exists x P(x)$

(c) 前提: $\forall x(P(x) \vee Q(x)), \forall x(\neg Q(x) \vee \neg R(x)), \forall x R(x)$

    结论: $\forall x P(x)$

(d) 前提: $\exists x P(x) \rightarrow \forall x Q(x)$

    结论: $\forall x(P(x) \rightarrow Q(x))$

3. 证明下面推理：

（a）所有有理数都是实数. 某些有理数是整数. 因此, 某些实数是整数.

（b）每个大学生不是文科学生就是理科学生, 有些大学生是优等生, 小张不是理科学生, 但他是优等生, 因而, 如果小张是大学生, 他就是文科学生.

（c）偶数都能被 2 整除, 8 是偶数. 所以 8 能被 2 整除.

（d）凡大学生都是勤奋的. 小李不勤奋. 所以小李不是大学生.

第 3 章　集合代数

集合论是现代数学的基础,它已渗透到古典分析、概率论、信息论等各个领域.本章我们将要学习集合的一些基本概念、运算及其规律.

3.1　集合的基本概念

集合是一个不能精确定义的基本概念.通常把具有共同性质的一些事物汇成一个整体就形成一个集合,而这些事物就是这个集合的元素.例如

某班级的全体学生集合;

介于 0 与 1 之间的全体有理数集合;

坐标平面上所有点的集合:

…

一般用大写的英文字母表示集合的名称,例如自然数集合 N,整数集合 Z,有理数集合 Q,实数集合 R,复数集合 C 等.用小写英文字母表示组成集合的事物,即元素.若元素 x 属于集合 A,则可记作 $x \in A$;若元素 x 不属于集合 A,则记作 $x \notin A$.

给定一个集合,即给出一种判别某一元素是否属于集合的判别准则.一个集合,若其组成集合的元素个数是有限的,则称作有限集,否则就称作无限集.

表示一个集合的方法通常有两种:穷举法和谓词表示法.穷举法是列出集合的所有元素,元素之间用逗号隔开,并把他们用花括号括起来.例如

$$A = \{a, b, c, \cdots, z\}$$
$$B = \{0, 3, 6, 9, 12\}$$

此时,集合的元素次序是无关紧要的,重复的元素也不计较.有时仅用穷举法很难描述给定集合,谓词表示法是用谓词来概括集合中元素的属性

或性质,例如集合

$$C = \{x \mid x \in R \wedge 1 < x^2 < 9\}$$

特别地,不含任何元素的集合叫做空集,记作 $\varnothing$.

两个给定集合之间有以下关系.

定义 3.1 设 A, B 为集合,如果 A 中的每个元素都是 B 中的元素,则称 A 是 B 的子集合,简称子集,记作 $A \subseteq B$.

如果 A 不是 B 的子集,则记作 $A \nsubseteq B$.

包含的符号化表示为

$$A \subseteq B \Leftrightarrow \forall x (x \in A \rightarrow x \in B)$$

例如 $N \subseteq Z \subseteq Q \subseteq R \subseteq C$.

显然对任何集合 A 都有 $\varnothing \subseteq A, A \subseteq A$.

定义 3.2 设 A, B 为集合,如果 $A \subseteq B$ 且 $B \subseteq A$,则称 A 与 B 相等,记作 $A = B$.

如果 A 与 B 不相等,则记作 $A \neq B$.

相等的符号化表示为

$$A = B \Leftrightarrow A \subseteq B \wedge B \subseteq A$$

定义 3.3 设 A, B 为集合,如果 $A \subseteq B$ 且 $A \neq B$,则称 A 是 B 的真子集,记作 $A \subset B$.

如果 A 不是 B 的真子集,则记作 $A \not\subset B$.

真子集的符号比表示为

$$A \subset B \Leftrightarrow A \subseteq B \wedge A \neq B$$

在研究数学逻辑结构及其他数学问题时,还须考虑某一包含所有论述事物的集合,称作全集,记作 U,它是惟一的,任意一个论述对象集合 A 皆是全集 U 的子集.

在研究有限集时,其所含有的元素个数称为集合的基数.设 A 中有 n 个元素,则 A 的基数记为 $|A|$,且 $|A| = n$.

定义 3.4 设 A 为集合,把 A 的全体子集构成的集合叫做 A 的幂集,记作 $P(A)$(或 2^A).

幂集的符号化表示为

$$P(A) = \{x \mid x \subseteq A\}$$

如果 A 是有限集,且 $|A|=n$,则其幂集 $P(A)$ 有 2^n 个元素.

事实上, $|P(A)|=C_n^0+C_n^1+\cdots+C_n^n=2^n$.

习题 3.1

1. 在 1 到 200 的整数中(1 和 200 包含在内)分别求满足以下条件的整数个数.

(a) 同时能被 3,5 整除.

(b) 可以被 3 整除,但不能被 5 和 7 整除.

(c) 可以被 3 或 5 整除,但不能被 7 整除.

2. 化简下列集合表达式:

(a) $(A-(B\cap C))\cup(A\cap B\cap C)$

(b) $(A\cap B)-(C-(A\cup B))$

3. 设 A,B 为任意集合,证明:

$(A-B)\cup(B-A)=(A\cup B)-(A\cap B)$

4. 设 A,B,C 为任意集合,证明:

$A\cup B=A\cup C\wedge A\cap B=A\cap C\Rightarrow B=C$

5. 设 A,B 为任意集合,证明:

$A\subseteq B\Rightarrow P(A)\subseteq P(B)$

6. 若 $A\cap B=A\cap C$,是否必有 $B=C$?

7. 何时有 $B-A=A-B$?

8. 若 $|A\cup B|=|A|$(有限数), B 为何种集合?

3.2　集合的计数

集合的计数理论及其方法在数学与计算机科学中起着十分重要的作用,特别是在算法分析中具有独特的作用.本书将介绍若干计数方法.

加法原理　若 A,B 为有限集,则

$$|A\cup B|=|A|+|B|-|A\cap B|$$

例 3.1　某班学生选修课情况如下:26 人选艺术修养课,20 人选道德修养课,10 人选艺术与道德修养课,二门都不选的 是 15 人,问共有多

少学生?

解 设班里共有 x 人,$A=\{$选艺术修养课$\}$,$B=\{$选道德修养课$\}$.

$$x=|A\bigcup B|+|\overline{A\bigcup B}|$$
$$=|A|+|B|-|A\bigcap B|+|\overline{A\bigcup B}|$$
$$=26+20-10+15$$
$$=51$$

乘法原理 设完成任务 T 需由两种任务 T_1 和 T_2 依次完成,完成任务 T_1 有 n_1 种方案,完成任务 T_2 有 n_2 种方案,则完成 T_1T_2 任务共有 n_1n_2 种方案.

一般地,若完成任务 T 需由任务 $T_1,T_2,\cdots,T_n$ 依次完成,完成任务 T_i 有 n_i 种方案($i=1,2,\cdots,k$),则完成 $T_1T_2\cdots T_k$ 有 $n_1n_2\cdots n_k$ 种方案.

从 n 个元素中一次取 $r(1\leqslant r\leqslant n)$ 个元素不同排列数,记为 P_n^r,则
$$P_n^r=n\cdot(n-1)\cdots(n-r+1)$$

例 3.2 从单词 study 中可以取出多少种三个不同的字母组成的"单词"?

解 应为 $P_5^3=60$.

若有 n 个元素,含有 $k_j(j=1,2,\cdots,t)$ 个重复元素,
$$\sum_{j=1}^{t}k_j=n$$
则从这 n 个元素中组成不同的排列数为
$$\frac{n!}{k_1k_2!\cdots k_t!}$$

例 3.3 从"单词"Sttaaastb 中可组成不同的"单词"的数目?

解 可以组成 $\dfrac{9!}{3!3!2!1!}=5040$ 种不同的"单词".

若集合 A 有 n 个元素,从 A 中一次取 $r(1\leqslant r\leqslant n)$ 个元素的组合数记为 C_n^r,则 $C_n^r=\dfrac{n!}{r!(n-r)!}$.

例 3.4 在平面上给定 20 个点,其中任意三点都不在同一直线上. 过两个点可以做一条直线,以三个点为顶点可以做一个三角形,问这样的

直线和三角形各有多少?

解 直线数 $k_1 = C_{20}^2 = 190$

三角形数 $k_2 = C_{20}^3 = 1140$

随机现象里也存在着一些计数问题.

例 3.5 一个盒子装有 6 只球,其中 4 只红球,2 只白球. 从盒中取球两次,每次随机地取一只,采用放回抽样形式取球,求取到的两只球都是红球的概率.

解 设 A 表示事件"取到的两只球都是红球",则

$$P(A) = \frac{4 \times 4}{6 \times 6} = 0.444$$

例 3.6 将 n 只球随机地放入 $N(N \geqslant n)$ 个盒子中去,试求每个盒子至多有一只球的概率(设盒子的容量不限).

解 将 n 只球放入 N 个盒子中去,每一种放法是一基本事件. 所求概率

$$P = \frac{N(N-1)\cdots(N-n+1)}{N^n}$$

习题 3.2

1. 某学院学生选修课情况如下:260 人选艺术课,208 人选生物课,160 人选计算机课,76 人选艺术与生物课,48 人选艺术与计算机课. 62 人选生物与计算机课,全部三门课程都选的是 30 人,三门都不选的是 150 人. 问:

(a) 该学院共有多少名学生.

(b) 有多少学生选艺术和生物课,但不选计算机课.

2. 从 $1, 2, \cdots, 300$ 之中任取三个数使得它们的和能被 3 整除,问有多少种方法?

3. 从 5 种规格的晶体管中选 3 种且从 3 种规格的电阻中选 2 种组成一个电路,共有多少种选择的方法?

4. 在 $1 \sim 2000$ 的整数中随机地取一个数,问取到的整数既不能被 6 整除,又不能被 8 整除的概率是多少?

第 4 章 二 元 关 系

给定一个集合,其成员往往存在某些关系,如一家庭集合,其成员间存在夫妻关系,上下辈关系;所有程序集合,其成员存在调用关系等.在日常生活中,有许多事物是成对出现的,而且这种成对出现的事物具有一定的顺序.

4.1 序偶与笛卡尔积

定义 4.1 由两个元素 x 和 y 按一定顺序排列成的二元组叫做一个序偶,记作 $\langle x,y \rangle$,其中 x 是它的第一元素,y 是它的第二元素.

序偶 $\langle x,y \rangle$ 与 $\langle u,v \rangle$ 相等当且仅当 $x=u$ 且 $y=v$.

序偶 $\langle x,y \rangle$ 中两个元素不一定来自同一集合,它们可以代表不同类型的事物.例如计算机中 a 号通道的 b 号控制器,可用 $\langle a,b \rangle$ 表示;某班学生 x 选修 y 课,可用序偶 $\langle x,y \rangle$ 表示.

定义 4.2 设 A,B 为集合,用 A 中元素为第一元素,B 中元素为第二元素构成序偶.所以这样的序偶组成的集合叫做 A 和 B 的笛卡尔积,记作 $A \times B$.其符号化表示为

$$A \times B = \{\langle x,y \rangle \mid x \in A \wedge y \in B\}$$

例如,设 $A=\{1,2,3\}$,$B=\{a,b\}$,则

$$A \times B = \{\langle 1,a \rangle, \langle 1,b \rangle, \langle 2,a \rangle, \langle 2,b \rangle, \langle 3,a \rangle, \langle 3,b \rangle\}$$

$$B \times A = \{\langle a,1 \rangle, \langle a,2 \rangle, \langle a,3 \rangle, \langle b,1 \rangle, \langle b,2 \rangle, \langle b,3 \rangle\}$$

一般地,如果 $|A|=m$,$|B|=n$,则 $|A \times B|=mn$.

例 4.1 平面上直角坐标中的所有点可用笛卡尔积表示,即

$$R \times R = \{\langle x,y \rangle \mid x,y \in R\}$$

笛卡尔积运算具有以下性质:

(a) 对任意集合 A,有

$$A \times \emptyset = \emptyset = \emptyset \times A$$

（b）一般地，笛卡尔积运算不满足交换律，即

$$A \times B \neq B \times A$$

（c）笛卡尔积运算不满足结合律，即

$$(A \times B) \times C \neq A \times (B \times C)$$

（d）笛卡尔积运算对并和交运算满足分配律，即

$$A \times (B \bigcup C) = (A \times B) \bigcup (A \times C)$$
$$(B \bigcup C) \times A = (B \times A) \bigcup (C \times A)$$
$$A \times (B \bigcap C) = (A \times B) \bigcap (A \times C)$$
$$(B \bigcap C) \times A = (B \times A) \bigcap (C \times A)$$

只证明第三个等式.

证明　任取$\langle x, y \rangle \in A \times (B \bigcap C)$

$$\Leftrightarrow x \in A \wedge y \in B \wedge C$$
$$\Leftrightarrow x \in A \wedge (y \in B \wedge y \in C)$$
$$\Leftrightarrow (x \in A \wedge y \in B) \wedge (x \in A \wedge y \in C)$$
$$\Leftrightarrow \langle x, y \rangle \in A \times B \wedge \langle x, y \rangle \in A \times C.$$

所以有 $A \times (B \bigcap C) = (A \times B) \bigcap (A \times C)$

例 4.2　设$A = \{a, b\}$，求$P(A) \times A$.

解　$P(A) \times A$

$= \{\emptyset, \{a\}, \{b\}, \{a, b\}\} \times \{a, b\}$

$= \{\langle \emptyset, a \rangle, \langle \emptyset, b \rangle, \langle \{a\}, a \rangle, \langle \{a\}, b \rangle, \langle \{b\}, a \rangle, \langle \{b\}, b \rangle,$

$\langle \{a, b\}, a \rangle, \langle \{a, b\}, b \rangle\}$

由于两集合的笛卡尔乘积仍是一集合，故对于有限集合可以进行多次的笛卡尔乘积运算.

设有n个集合$A_1, A_2, \cdots, A_n$，

$$A_1 \times A_2 \times \cdots \times A_n$$
$$= (A_1 \times A_2 \times \cdots \times A_{n-1}) \times A_n$$
$$= \{\langle x_1, x_2, \cdots, x_n \rangle \mid x_i \in A_i, i = 1, 2, \cdots, n\}$$

特别地

$$A \times A = A^2$$

$$A \times A \times A = A^3$$
$$A \times A \times \cdots \times A = A^n$$

例 4.3　设 A,B,C 为任意集合,判断命题是否为真,并说明理由.

(a) $A \times B = A \times C \Rightarrow B = C$

(b) 存在集合 A,使得 $A \subseteq A \times A$

解　(a) 不一定为真. 当 $A = \varnothing, B = \{a\}, c = \{b\}, (a \neq b)$ 时有
$$A \times B = A \times C = \varnothing$$
但
$$B \neq C$$

(b) 为真. 当 $A = \varnothing$ 时有 $A \subseteq A \times A$ 成立.

习题 4.1

1. 求解下列各式:

(a) $\langle 3x, 2 \rangle = \langle 15, y \rangle$;

(b) $\langle x-1, 2y+1 \rangle = \langle 3, 3 \rangle$.

2. 设 $A = \{\varnothing, \{\varnothing\}\}$,求 $A \times P(A)$.

3. 设 A, B, C, D 是任意集合。

(a) 若 $A \subseteq C, B \subseteq D$,则 $A \times B \subseteq C \times D$;

(b) 若 $A \times A = B \times B$,则 $A = B$.

4. 设 $A = \{1, 2, 3\}; B = \{x, y\}, C = \{\sharp, \varnothing\}$,求 $A \times B \times C$.

4.2　二　元　关　系

我们已经讨论了集合及它的元素,本节我们将要研究集合内元素间的关系. 关系是一个基本概念,在日常生活中我们都熟悉关系这个词的含义,如兄弟关系、位置关系,上下级关系、程序间调用关系. 它在数学领域(不仅在离散数学领域而且在其他数学领域)中均有很大的应用,并且对研究计算机科学中的许多问题如数据结构、数据库、情报检索、算法分析和计算理论等都是很好的数学工具.

如何表达关系呢? 我们知道序偶可以表达两个客体或 n 个客体之间的联系,因此,很自然想到利用序偶表达关系概念.

定义 4.3 如果一个集合满足以上条件之一:

(a) 集合非空,且它的元素都是序偶.

(b) 集合是空集.

则称该集合为一个二元关系,记作 R. 二元关系也可简称为关系. 对于二元关系 R,如果序偶 $\langle x,y\rangle \in R$,可记作 xRy;如果 $\langle x,y\rangle \notin R$,则记作 $x\not\!R y$.

例如 $R_1=\{\langle x,y\rangle,\langle 0,1\rangle\}$,$R_2=\{\langle x,y\rangle,x\}$,则 R_1 是二元关系,R_2 不是二元关系.

定义 4.4 设 A,B 为集合,$A\times B$ 的任何子集所定义的二元关系叫做从 A 到 B 的二元关系,特别当 $A=B$ 时则叫做 A 上的二元关系.

例如 $A=\{a,b\}$,$B=\{x,y\}$,则

$$R_1 = \{\langle a,x\rangle,\langle a,y\rangle\}$$
$$R_2 = \{\langle b,x\rangle\}$$
$$R_3 = \varnothing$$
$$R_4 = \{\langle a,a\rangle,\langle a,b\rangle,\langle b,a\rangle\}$$

等都是二元关系,其中 R_1,R_2,R_3 都是从 A 到 B 的二元关系,而 R_3 和 R_4 同时也是 A 上的二元关系.

集合 A 上的二元关系的数目依赖于 A 中的元素数. 如果 $|A|=n$,那么 $|A\times A|=n^2$,$A\times A$ 的子集就有 2^{n^2} 个. 从而 A 上有 2^{n^2} 个不同的二元关系. 若同时集合 B 的元素数为 m,则从 A 到 B 的所有不同的二元关系为 $2^{m\cdot n}$.

对于任何集合 A,空集 $\varnothing$ 为 $A\times A$ 的子集,叫做 A 上的空关系. 而 A 上的全域关系 E_A 和恒等关系 I_A 可分别定义为:

定义 4.5 对任意集合 A,定义

$$E_A = \{\langle x,y\rangle \mid x\in A \wedge y\in A\} = A\times A$$
$$I_A = \{\langle x,x\rangle \mid x\in A\}$$

例如,$A=\{a,b,c\}$,则

$$E_A = \{\langle a,a\rangle,\langle a,b\rangle,\langle a,c\rangle,\langle b,a\rangle,\langle b,b\rangle,$$
$$\langle b,c\rangle,\langle c,a\rangle,\langle c,b\rangle,\langle c,c\rangle\}$$
$$I_A = \{\langle a,a\rangle,\langle b,b\rangle,\langle c,c\rangle\}$$

还有一些常用的关系,分别为:

$R_{\leqslant}=\{\langle x,y\rangle\mid x,y\in A\wedge x\leqslant y\},A\subseteq R.$

$R_{|}=\{\langle x,y\rangle\mid x,y\in A\wedge x\ \text{整除}\ y\},A\subseteq Z^{*}.$

$R_{\subseteq}=\{\langle x,y\rangle\mid x,y\in\mathscr{A}\wedge x\subseteq y\},\mathscr{A}\ \text{是集合族.}$ 依次叫做 A 上的小于或等于关系;A 上的整除关系,其中 x 是 y 的因子;$\mathscr{A}$ 上的包含关系,$\mathscr{A}$ 是由一些集合构成的集合族.

例 4.4 设 $A=\{1,2,3,4\}$,$R=\{\langle x,y\rangle\mid,x,y\in A,\dfrac{x-y}{2}\ \text{是整数}\}$,称 R 为 A 上的模 2 同余关系.试用列元素法表示 R.

解 $R=\{\langle 1,1\rangle,\langle 2,2\rangle,\langle 3,3\rangle,\langle 4,4\rangle,\langle 1,3\rangle,\langle 3,1\rangle,\langle 2,4\rangle,\langle 4,2\rangle\}.$

除了用序偶集合表达二元关系 R 外,还有两种表达方式:关系矩阵和关系图.

设 $A=\{x_1,x_2,\cdots,x_m\}$,$B=\{y_1,y_2,\cdots,y_n\}$ 为有限集合,R 为从 A 到 B 的一个二元关系.则关系 R 可用如下矩阵表示为

$$M_R=(m_{ij})_{m\times n}\qquad m_{ij}=\begin{cases}1 & \langle x_i,x_j\rangle\in R\quad i=1,2,\cdots,m\\ 0 & \langle x_i,x_j\rangle\notin R\quad j=1,2,\cdots,n\end{cases}$$

且称该矩阵为二元关系 R 的关系矩阵,记作 M_R.

例如 $A=\{1,2,3,4\}$,A 上小于关系的关系矩阵是

$$M_R=\begin{pmatrix}0 & 1 & 1 & 1\\ 0 & 0 & 1 & 1\\ 0 & 0 & 0 & 1\\ 0 & 0 & 0 & 0\end{pmatrix}$$

关系 R 还可用有向图表示,并称之为关系图. 在平面上作出 m 个结点记为 $x_i(i=1,2,\cdots,m)$,再作 n 个结点 $y_j(j=1,2,\cdots,n)$,若 x_iRy_j,则从结点 x_i 到结点 y_j 处作一有向弧,方向指向 y_j;若 $x_i\cancel{R}y_j$,则从 x_i 到 y_j 之间无有向弧. 并记此关系图为 G_R.

在上面的例子中,R 的关系图 G_R 如图 4-1 所示.

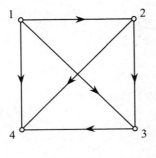

图 4-1

由于关系图主要表达结点与结点之间的邻接关系,故关系图中结点位置和有向弧的曲直长短无关紧要.

给定从 A 到 B 的二元关系,可用三种方式表达:序偶集合、关系矩阵、关系图,三者是统一的,使用时可任意选一种.

由于关系是序偶的集合,故同一域上的关系,可以进行集合的所有代数运算.

例 4.5　设 $A=\{1,2,3,4\}$,若 $R=\{\langle x,y\rangle \mid \dfrac{x-y}{2}$ 是整数 $x,y\in A\}$,

$S=\{\langle x,y\rangle \mid \dfrac{x-y}{3}$ 是整数 $x,y\in A\}$,求 $R\bigcup S,R\bigcap S,\bar{R},R-S$.

解　$R=\{\langle 1,1\rangle,\langle 2,2\rangle,\langle 3,3\rangle,\langle 4,4\rangle,\langle 1,3\rangle,\langle 3,1\rangle,\langle 2,4\rangle,\langle 4,2\rangle\}$

　　　$S=\{\langle 1,1\rangle,\langle 2,2\rangle,\langle 3,3\rangle,\langle 4,4\rangle,\langle 1,4\rangle,\langle 4,1\rangle\}$

　　　$R\bigcup S=\{\langle 1,1\rangle,\langle 2,2\rangle,\langle 3,3\rangle,\langle 4,4\rangle,\langle 1,3\rangle,\langle 1,4\rangle,$

　　　　　　　$\langle 2,4\rangle,\langle 3,1\rangle,\langle 4,1\rangle,\langle 4,2\rangle\}$

　　　$R\bigcap S=\{\langle 1,1\rangle,\langle 2,2\rangle,\langle 3,3\rangle,\langle 4,4\rangle\}$

　　　$\bar{R}=\{\langle 1,2\rangle,\langle 2,1\rangle,\langle 2,3\rangle,\langle 3,2\rangle,\langle 3,4\rangle,\langle 4,3\rangle,\langle 1,4\rangle,\langle 4,1\rangle\}$

　　　$R-S=\{\langle 1,3\rangle,\langle 3,1\rangle,\langle 2,4\rangle,\langle 4,2\rangle\}$

一般地,若 R 和 S 是从集合 A 到集合 B 的两个关系,则 R 与 S 的并、交、补、差仍是从集合 A 到集合 B 的关系.

事实上,因 $R\subseteq A\times B,S\subseteq A\times B$,故有

$R\bigcup S\subseteq A\times B$

$R\bigcap S\subseteq A\times B$

$\bar{R}=(A\times B-R)\subseteq A\times B$

$R-S=R\bigcap \bar{S}\subseteq A\times B$

习题 4.2

1. 写出下列关系 R 的序偶集合:

(a) $A=\{1,2,3,4\}$,$xRy\Leftrightarrow x,y\in A \wedge x+y\neq 3$;

(b) $A=\{1,2,3,4\}$,$xRy\Leftrightarrow x,y\in \wedge \dfrac{x}{y}\in A$.

2. 列出从集合 $A=\{a,b\}$ 到 $B=\{s,t\}$ 的所有的二元关系.

3. 设 $A=\{1,2,3,4,5\}$，A 上的二元关系 $R=\{\langle x,y\rangle|x,y\in A\wedge x$ 与 y 是互质的$\}$，给出 R 的关系图和关系矩阵.

4. 设 $A=\{1,2,3,4\}$，A 上的二元关系 $R=\{\langle 1,2\rangle,\langle 2,3\rangle,\langle 3,3\rangle\}$，$S=\{\langle 1,3\rangle,\langle 2,3\rangle,\langle 4,2\rangle\}$，试求：$R\cup S,R\cap S,R-S,\bar{R}$.

4.3 关系的运算

关系的基本运算有 5 种，分别定义如下：

定义 4.6 设 R 是二元关系.

（a）R 中所有的序偶的第一元素构成的集合称为 R 的定义域，记作 $\mathrm{dom}R$.

$$\mathrm{dom}R = \{x \mid \exists y \quad xRy\}$$

（b）R 中所有的序偶的第二元素构成的集合称为 R 的值域，记作 $\mathrm{ran}R$.

$$\mathrm{ran}R = \{y \mid \exists x \quad xRy\}$$

（c）R 的定义域和值域的并集称为 R 的域，记作 $\mathrm{fld}R$.

$$\mathrm{fld}R = \mathrm{dom}R \cup \mathrm{ran}R$$

例 4.6 设 $R=\{\langle a,b\rangle,\langle a,c\rangle,\langle b,c\rangle,\langle c,d\rangle\}$，则

$$\mathrm{dom}R = \{a,b,c\}$$
$$\mathrm{ran}R = \{b,c,d\}$$
$$\mathrm{fld}R = \{a,b,c,d\}$$

定义 4.7 设 R 为二元关系，R 的逆关系，简称为 R 的逆，记作 R^{-1}. 形式化表示为：

$$R^{-1} = \{\langle x,y\rangle \mid \quad yRx\}$$

定义 4.8 设 R,S 为二元关系，S 对 R 的右复合记作 $R\circ S$. 形式化表示为：

$$R \circ S = \{\langle x,z\rangle \mid \exists y \quad xRy \wedge yRz\}$$

例 4.7 设 $A = \{a; b, c, d\}$，$R = \{\langle a,b\rangle,\langle c,d\rangle,\langle b,b\rangle\}$，$S=\{\langle d,b\rangle,\langle b,c\rangle,\langle c,a\rangle\}$，则

$$R^{-1} = \{\langle b,a\rangle,\langle d,c\rangle,\langle b,b\rangle\}$$

$$R \circ S = \{\langle a,c \rangle, \langle c,b \rangle, \langle b,c \rangle\}$$
$$S \circ R = \{\langle d,b \rangle, \langle b,d \rangle, \langle c,b \rangle\}$$
$$R \circ R = \{\langle a,b \rangle, \langle b,b \rangle\}$$

利用关系图可以计算右复合关系.

例 4.8　设 $A = \{x_1, x_2, x_3\}$
$$B = \{y_1, y_2, y_3\}$$
$$C = \{z_1, z_2, z_3\}$$

从 A 到 B 的关系
$$R = \{\langle x_1, y_1 \rangle, \langle x_1, y_2 \rangle, \langle x_2, y_2 \rangle\}$$

从 B 到 C 的关系
$$S = \{\langle y_1, z_2 \rangle, \langle y_2, z_3 \rangle, \langle y_3, z_3 \rangle\}$$

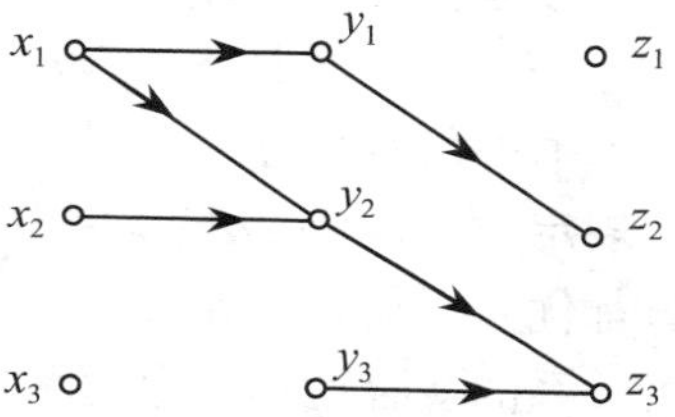

图 4-2

利用 R,S 的关系图(图 4-2)将 R,S 的
关系图中的结点从 A 到 C 首尾相连接即可得到右复合关系 $R \circ S$ 的关系图,从而可求出 $R \circ S$ 的关系图,从而可求出 $R \circ S$ 的序偶集合.
$$R \circ S = \{\langle x_1, z_2 \rangle, \langle x_1, z_3 \rangle, \langle x_2, z_3 \rangle\}$$

利用关系矩阵也可以计算右复合关系.

例 4.9　利用关系矩阵计算例 4.8 中的右复合关系.

解　已知
$$M_R = \begin{pmatrix} 1 & 1 & 0 \\ 0 & 1 & 0 \\ 0 & 0 & 0 \end{pmatrix}, \quad M_S = \begin{pmatrix} 0 & 1 & 0 \\ 0 & 0 & 1 \\ 0 & 0 & 1 \end{pmatrix}$$

则
$$M_{R \circ S} = M_R \times M_S (布尔积, M_{R \circ S} = (\omega_{ik})$$

其中
$$\omega_{ik} = \bigvee_{j=1}^{n} (u_{ij} \wedge v_{jk})$$

故有

$$M_{R \cdot S} = \begin{bmatrix} 0 & 1 & 1 \\ 0 & 0 & 1 \\ 0 & 0 & 0 \end{bmatrix}$$

$$R \circ S = \{\langle x_1, z_2 \rangle, \langle x_1, z_3 \rangle, \langle x_2, z_3 \rangle\}$$

类似地也可以定义关系的左复合,即

$$R \circ S = \{\langle x, z \rangle \mid \exists y \quad xSy \wedge yRz\}.$$

本书采用右复合定义,并简称复合.

规定:本节所定义的关系运算中逆运算优先于其他运算,所有的关系运算都优先于集合运算.

关系的复合运算及逆运算具有如下性质:

设 R, S, T 是任意的关系,则

(a) $(R^{-1})^{-1} = R$

(b) $\mathrm{dom} R^{-1} = \mathrm{ran} R, \mathrm{ran} R^{-1} = \mathrm{dom} R$

(c) $R \circ S \neq S \circ R$

(d) $(R \circ S) \circ T = R \circ (S \circ T)$

(e) $(R \circ S)^{-1} = S^{-1} \circ R^{-1}$

证明(d)　任取 $\langle x, z \rangle$,

$\langle x, z \rangle \in (R \circ S) \circ T$

$\Leftrightarrow \exists y (\langle x, y \rangle \in R \circ S \wedge \langle y, z \rangle \in T)$

$\Leftrightarrow \exists y (\exists t (\langle x, t \rangle \in R \wedge (t, y) \in S) \wedge \langle y, z \rangle \in T)$

$\Leftrightarrow \exists y \exists t (\langle x, t \rangle \in R \wedge \langle t, y \rangle \in S \wedge \langle y, z \rangle \in T)$

$\Leftrightarrow \exists t (\langle x, t \rangle \in R \wedge \exists y (\langle t, y \rangle \in S \wedge \langle y, z \rangle \in T))$

$\Leftrightarrow \exists t (\langle x, t \rangle \in R \wedge (\langle t, z \rangle \in S \circ T))$

$\Leftrightarrow \langle x, z \rangle \in R \circ (S \circ T)$

所以

$$(R \circ S) \circ T = R \circ (S \circ T)$$

(e) 任取 $\langle x, y \rangle$,

$\langle x, y \rangle \in (R \circ S)^{-1}$

$\Leftrightarrow \langle y, x \rangle \in R \circ S$

$\Leftrightarrow \exists t (\langle y, t \rangle \in R \wedge \langle t, x \rangle \in S)$

$$\Leftrightarrow \exists t(\langle x,t \rangle \in S^{-1} \wedge \langle t,y \rangle \in R^{-1})$$

$$\Leftrightarrow \langle x,y \rangle \in R^{-1} \circ S^{-1}$$

所以

$$(R \circ S)^{-1} = S^{-1} \circ R^{-1}$$

(f) 设 R 为 A 上的关系,则

$$R \circ I_A = I_A \circ R = R$$

(g) 设 R,S,T 为任意关系,则

(1) $R \circ (S \bigcup T) = R \circ S \bigcup R \circ T$

(2) $(S \bigcup T) \circ R = S \circ R \bigcup T \circ R$

(3) $R \circ (S \bigcap T) \subseteq R \circ S \bigcap R \circ T$

(4) $(S \bigcap T) \circ R \subseteq S \circ R \bigcap T \circ R$

证明 (4)

任取 $\langle x,y \rangle$

$$\langle x,y \rangle \in (S \bigcap T) \circ R$$

$$\Leftrightarrow \exists t(\langle x,t \rangle \in S \bigcap T \wedge \langle t,y \rangle \in R)$$

$$\Leftrightarrow \exists t(\langle x,t \rangle \in S \wedge \langle t,y \rangle \in R \wedge \langle x,t \rangle \in T \wedge \langle t,y \rangle \in R)$$

$$\Rightarrow \exists t(\langle x,t \rangle \in S \wedge \langle t,y \rangle \in R) \wedge \exists t(\langle x,t \rangle \in T \wedge \langle t,y \rangle \in R)$$

$$\Leftrightarrow \langle x,y \rangle \in S \circ R \wedge \langle x,y \rangle \in T \circ R$$

$$\Leftrightarrow \langle x,y \rangle \in S \circ R \bigcap T \circ R.$$

所以有

$$(S \bigcap T) \circ R \subseteq S \circ R \bigcap T \circ R$$

其他留作练习.

定义 4.9 设 R 为 A 上的关系,n 为自然数,则 R 的 n 次幂定义为:

(a) $R^\circ = \{\langle x,x \rangle | x \in A\} = I_A$

(b) $R^{n+1} = R^n \circ R$

例 4.10 设 $A = \{a,b,c\}$,$R = \{\langle a,b \rangle, \langle b,a \rangle, \langle b,c \rangle\}$,求 R 的各次幂.

解 R 的关系矩阵为

$$M_R = \begin{pmatrix} 0 & 1 & 0 \\ 1 & 0 & 1 \\ 0 & 0 & 0 \end{pmatrix}$$

则 R^2, R^3 的关系矩阵分别是

$$M_{R^2} = \begin{pmatrix} 0 & 1 & 0 \\ 1 & 0 & 1 \\ 0 & 0 & 0 \end{pmatrix} \begin{pmatrix} 0 & 1 & 0 \\ 1 & 0 & 1 \\ 0 & 0 & 0 \end{pmatrix}$$

$$= \begin{pmatrix} 1 & 0 & 1 \\ 0 & 1 & 0 \\ 0 & 0 & 0 \end{pmatrix}$$

$$M_{R^3} = M_{R^2} M_R = \begin{pmatrix} 1 & 0 & 1 \\ 0 & 1 & 0 \\ 0 & 0 & 0 \end{pmatrix} \begin{pmatrix} 0 & 1 & 0 \\ 1 & 0 & 1 \\ 0 & 0 & 0 \end{pmatrix}$$

$$= \begin{pmatrix} 0 & 1 & 0 \\ 1 & 0 & 1 \\ 0 & 0 & 0 \end{pmatrix}$$

因此 $M_{R^3} = M_R$，即 $R^3 = R$. 由此可以得到

$$R^2 = R^4 = R^6 = \cdots$$
$$R = R^3 = R^5 = \cdots$$

而 R^0，即 I_A 的关系矩阵是

$$M_{R^0} = \begin{pmatrix} 1 & 0 & 0 \\ 0 & 1 & 0 \\ 0 & 0 & 1 \end{pmatrix}$$

$$R^0 = \{\langle a,a \rangle, \langle b,b \rangle, \langle c,c \rangle\}$$
$$R^2 = \{\langle a,a \rangle, \langle a,c \rangle, \langle b,b \rangle\}$$

幂运算有如下性质.

（a）设 R 为 A 上的关系，$m, n \in N$，则

（1）$R^m \circ R^n = R^{m+n}$

（2）$(R^m)^n = R^{mn}$

（b）设 A 为 n 元集，R 是 A 上的关系，则存在自然数 s 和 t，使得 R^s

$=R^t.$

证明　（b）

R 为 A 上的关系, 对任何自然数 $k, R^k \subseteq A \times A$. 而
$$|A \times A| = n^2, \quad |P(A \times A)| = 2^{n^2}.$$

当列出 R 的所有次幂 $R^0, R^1, R^2, \cdots, R^{2^{n^2}}, \cdots$ 时, 必存在自然数 s 和 t 使得 $R^s = R^t$.

习题 4.3

1. 设 $A = \{1, 2, 3, 4\}$

　　$R = \{\langle 1,1 \rangle, \langle 1,2 \rangle, \langle 2,3 \rangle, \langle 3,4 \rangle, \langle 4,1 \rangle\}$

　　$S = \{\langle 2,3 \rangle, \langle 3,1 \rangle, \langle 4,4 \rangle\}$, 求：

(a) $R \circ S, S \circ R, R^{-1}, S^2$.

(b) 给出 R 的关系矩阵和关系图.

(c) $\langle 1,3 \rangle \in R \circ S? \ \langle 1,4 \rangle \in S \circ R?$

2. 设 $A = \{\langle 1,2 \rangle, \langle 2,3 \rangle, \langle 3,4 \rangle\}$

　　$B = \{\langle 1,1 \rangle, \langle 1,3 \rangle, \langle 3,4 \rangle\}$

求 $A \cup B, A \cap B, \mathrm{dom}(A \cup B), \mathrm{ran}(A \cap B)$.

3. 设 $A = \{1, 2, 3\}$, 试给出 A 上两个不同的关系 R_1 和 R_2, 使得
　　$R_1^2 = R_1, R_2^2 = R_2$.

4. 设 R 和 S 为 A 上的关系, 证明：

(a) $(R \cup S)^{-1} = R^{-1} \cup S^{-1}$.

(b) $(R \cap S)^{-1} = R^{-1} \cap S^{-1}$.

(c) $(R \times S)^{-1} = S \times R$.

(d) $(R - S)^{-1} = R^{-1} - S^{-1}$.

4.4　关系的性质

关系的某些特殊性质, 在以后研究关系中起很大的作用, 在这一节中我们将给予描述并说明. 关系的性质主要有以下五种：自反性, 反自反性, 对称性, 反对称性和传递性.

定义 4.10 设 R 为 A 上的关系,

(a) 若 $\forall x(x \in A \rightarrow \langle x,x \rangle \in R)$,则称 R 在 A 上是自反的.

(b) 若 $\forall x(x \in A \rightarrow \langle x,x \rangle \notin R)$,则称 R 在 A 上是反自反的.

例如实数集 R 上小于等于关系,集合 A 的幂集上包含关系都是自反关系. 而小于关系和真包含关系都是给定集合或集合的幂集上的反自反关系.

例 4.11 设 $A = \{a,b,c\}$,R 是 A 上的关系,
$$R = \{\langle a,a \rangle, \langle b,b \rangle, \langle a,b \rangle\}$$
则 R 既不是自反的也不是反自反的.

定义 4.11 设 R 为 A 上的关系

(a) 若 $\forall x \forall y(x,y \in A \wedge \langle x,y \rangle \in R \rightarrow \langle y,x \rangle \in R)$,则称 R 为 A 上对称的关系.

(b) 若 $\forall x \forall y(x,y \in A \wedge \langle x,y \rangle \in R \wedge \langle y,x \rangle \in R \rightarrow x=y)$,则称 R 为 A 上反对称的关系.

例 4.12 设 $A = \{a,b,c,d\}$,R_1,R_2,R_3,R_4 都是 A 上的关系,其中
$$R_1 = \{\langle a,a \rangle, \langle b,b \rangle, \langle c,c \rangle\}$$
$$R_2 = \{\langle a,a \rangle, \langle a,b \rangle, \langle b,a \rangle, \langle c,c \rangle\}$$
$$R_3 = \{\langle a,b \rangle, \langle b,c \rangle, \langle c,d \rangle\}$$
$$R_4 = \{\langle a,b \rangle, \langle b,a \rangle, \langle a,c \rangle, \langle c,c \rangle\}$$
说明 R_1,R_2,R_3 和 R_4 是否为 A 上对称和反对称的关系.

解 R_1 既是对称的也是反对称的关系. R_2 是对称的但不是反对称的. R_3 是反对称的但不是对称的. R_4 既不是对称的也不是反对称的.

注意:关系的自反与反自反,对称与反对称,并非矛盾.

定义 4.12 设 R 为 A 上的关系,若
$$\forall x \forall y \forall z(x,y,z \in A \wedge \langle x,y \rangle \in R \wedge \langle y,z \rangle \in R \rightarrow \langle x,z \rangle \in R)$$
则称 R 为 A 上传递的关系.

例如 $A = \{a,b,c\}$ 上的关系 $R = \{\langle a,b \rangle, \langle b,c \rangle, \langle a,c \rangle, \langle c,c \rangle\}$ 是传递的.

例 4.13 设 $A = \{a,b,c\}$,$\subseteq$ 为 $P(A)$ 上的包含关系,则 $\subseteq$ 具有传递性.

例 4.14 设 $A=\{1,2,3,4\}$，R 为"模 2 同余"关系，则 R 在 A 上满足自反性，对称性，传递性.

例 4.15 设 R 为 A 上的关系，则

(a) R 在 A 上自反当且仅当 $I_A\subseteq R$.

(b) R 在 A 上传递当且仅当 $R\circ R\subseteq R$.

证明 (a) 充分性.

任取 $x\in A$，有

$$x\in A\Rightarrow\langle x,x\rangle\in I_A\Rightarrow\langle x,x\rangle\in R$$

因此 R 在 A 上是自反的.

必要性.

任取 $\langle x,y\rangle\in I_A$，由于 R 在 A 上自反，必有

$$x,y\in A\wedge x=y\Rightarrow\langle x,y\rangle\in R$$

因此 $I_A\subseteq R$.

(b) 充分性.

任取 $\langle x,y\rangle\in R$，$\langle y,z\rangle\in R$，则

$$\langle x,y\rangle\in R\wedge\langle y,z\rangle\in R$$
$$\Rightarrow\langle x,z\rangle\in R\circ R$$
$$\Rightarrow\langle x,z\rangle\in R$$

所以 R 在 A 上是传递的.

必要性.

任取 $\langle x,y\rangle\in R\circ R\Rightarrow\exists z(\langle x,z\rangle\in R\wedge\langle z,y\rangle\in R)$
$$\Rightarrow\langle x,y\rangle\in R$$

所以 $R\circ R\subseteq R$.

关系的性质不仅反映在它的集合表达式上，在关系矩阵及关系图上也可以明显地体现出来.

自反性体现在关系矩阵上为主对角线全为 1，关系图中每一结点处都有圈. 反自反性体现在关系矩阵上为主对角线上全为 0，关系图中每一结点处都没有圈. 对称性体现在关系矩阵上为对称矩阵，关系图中任两个结点之间若有有向弧，必为双向的. 反对称性体现在关系矩阵上为关于为主对角线对称的元素不能同时为 1，关系图中任意两结点之间若有有向

弧,必为单向的. 传递性体现在关系矩阵上为对平方矩阵中 1 所在的位置,原关系矩阵中相应的位置都是 1,关系图中如果结点 x_i 到 x_j 有边,x_j 到 x_k 有边,则从 x_i 到 x_k 也有边.

习题 4.4

1. 设 $A = \{1, 2, \cdots, 8\}$,定义 A 上的关系
$$R = \{\langle x, y \rangle \mid x, y \in A \land x + y = 8\}$$
说明 R 具有哪些性质并说明理由.

2. 设 $A = \{a, b, c\}$,R_1, R_2, R_3 为 A 上的关系,其中 R_1, R_2, R_3 的关系矩阵分别为:

$$M_{R_1} = \begin{bmatrix} 1 & 1 & 0 \\ 1 & 1 & 1 \\ 1 & 0 & 1 \end{bmatrix}$$

$$M_{R_2} = \begin{bmatrix} 1 & 1 & 1 \\ 1 & 1 & 1 \\ 1 & 1 & 1 \end{bmatrix}$$

$$M_{R_3} = \begin{bmatrix} 1 & 1 & 1 \\ 1 & 0 & 0 \\ 1 & 0 & 0 \end{bmatrix}$$

对于每种关系画出相应的关系图,并说明它所具有的性质.

3. 证明:给定 A 上的关系 R 若具有传递性和反自反性,则 R 具有反对称性.

4. 证明:若 A 上的关系 R 具有对称性,则关系 R^2 也具有对称性.

5. 设 R_1 和 R_2 是 A 上的对称关系,则 $R_1 \cap R_2$,$R_1 \cup R_2$ 也为 A 上的对称关系. $R_1 \circ R_2$ 是否也是 A 上的对称关系? 若不是,请举反例.

4.5 关系的闭包运算

在 4.3 节中,我们利用关系的复合及逆运算构造了新的关系. 本节中我们将对给定关系通过扩充一些序偶的办法得到具有某些特性的新关

系,这就是关系的闭包运算,即自反闭包,对称闭包和传递闭包.

定义 4.13 设 R 是非空集合 A 上的关系,R 的自反(对称或传递)闭包是 A 上的关系 R',使得 R' 满足以下条件:

(a) R' 是自反的(对称或传递的);

(b) $R \subseteq R'$;

(c) 对 A 上任何包含 R 的自反(对称或传递)关系 R'' 有 $R' \subseteq R''$.

一般将 R 的自反闭包记作 $r(R)$,对称闭包记作 $s(R)$,传递闭包记作 $t(R)$.

说明: A 上关系 R 的三种闭包应该为包含 R 的分别具有三种性质的最小关系.

三种闭包可以按如下方式分别构造. 设 R 为 A 上的关系,则有

(a) $r(R) = R \cup I_A$

(b) $s(R) = R \cup R^{-1}$

(c) $t(R) = R \cup R^2 \cup R^3 \cup \cdots$

证明 只证(c),(a)和(b)留作练习.

先证 $\bigcup_{i=1}^{\infty} R^i \subseteq t(R)$. 用归纳法.

由 $t(R)$ 的定义知,$R \subseteq t(R)$,即 $n=1$ 成立.

假设 $R^n \subseteq t(R)$ 成立,那么对任意的 $\langle x,y \rangle \in R^{n+1}$ 有

$$\langle x,y \rangle \in R^n \circ R$$
$$\Leftrightarrow \exists z(\langle x,z \rangle \in R^n \wedge \langle z,y \rangle \in R)$$
$$\Rightarrow \exists z(\langle x,z \rangle \in t(R) \wedge \langle z,y \rangle \in t(R))$$
$$\Rightarrow \langle x,y \rangle \in t(R)$$

从而 $R^{n+1} \subseteq t(R)$. 由归纳法命题得证.

其次证明 $t(R) \subseteq \bigcup_{i=1}^{\infty} R^i$.

任取 $\langle x,y \rangle, \langle y,z \rangle \in \bigcup_{i=1}^{\infty} R^i$,则

$$\langle x,y \rangle \in R \cup R^2 \cup \cdots \wedge \langle y,z \rangle \in R \cup R^2 \cup \cdots$$
$$\Rightarrow \exists s(\langle x,y \rangle \in R^s \wedge \exists t(\langle y,z \rangle \in R^t)$$
$$\Rightarrow \exists s \exists t(\langle x,z \rangle \in R^s \circ R^t)$$

$$\Rightarrow \exists s \exists t (\langle x,z \rangle \in R^{s+t})$$
$$\Rightarrow \langle x,z \rangle \in R \cup R^2 \cup R^3 \cup \cdots$$

从而 $\bigcup\limits_{i=1}^{\infty} R^i$ 具有传递性且包含 R,由 $t(R)$ 定义知,$t(R) \subseteq \bigcup\limits_{i=1}^{\infty} R^i$.

故有 $t(R) = \bigcup\limits_{i=1}^{\infty} R^i$.

例 4.16 设 $A = \{a,b,c\}$,$R = \{\langle a,a \rangle, \langle a,b \rangle, \langle b,c \rangle\}$,则有

$$r(R) = \{\langle a,a \rangle, \langle b,b \rangle, \langle c,c \rangle, \langle a,b \rangle, \langle b,c \rangle\}$$
$$s(R) = \{\langle a,a \rangle, \langle a,b \rangle, \langle b,a \rangle, \langle b,c \rangle, \langle c,b \rangle\}$$
$$t(R) = \{\langle a,a \rangle, \langle a,b \rangle, \langle b,c \rangle, \langle a,c \rangle\}$$

对于有限集 A 上的关系 R,则存在一个正整数 k 使得

$$t(R) = R \cup R^2 \cup \cdots \cup R^k$$

闭包运算还有以下性质.

设 R 是非空集合 A 上的关系,则

(a) R 是自反的当且仅当 $r(R) = R$.

(b) R 是对称的当且仅当 $s(R) = R$.

(c) R 是传递的当且仅当 $t(R) = R$.

证明 只证(b) 其余留作练习.只须证明必要性.

R 是对称的.$R \subseteq R$,对任何具有对称性的关系 R'',若 $R \subseteq R''$,则 $R \subseteq R''$ 即 R 满足对称闭包定义,故 $s(R) = R$.

关系的性质与闭包运算之间的联系可以表现在以下几个方面.

(a) 设 R_1 和 R_2 是非空集合 A 上的关系,但 $R_1 \subseteq R_2$,则有

(1) $r(R_1) \subseteq r(R_2)$

(2) $s(R_1) \subseteq s(R_2)$

(3) $t(R_1) \subseteq t(R_2)$

证明 只证(1) 其余留作练习.

$$r(R_1) = R_1 \cup I_A \subseteq R_2 \cup I_A = r(R_2)$$

(b) 设 R 是非空集合 A 上的关系:

(1) 若 R 是自反的,则 $s(R)$ 与 $t(R)$ 也是自反的.

(2) 若 R 是对称的,则 $r(R)$ 与 $t(R)$ 也是对称的.

（3）若 R 是传递的,则 $r(R)$ 是传递的.

证明　只证（1）,其余留作练习.

由于 R 是 A 上的自反关系,所以 $r(R)=R$,且 $I_A\subseteq R$,但是 $R\subseteq s(R)$, $R\subseteq t(R)$,从而 $s(R)$ 与 $t(R)$ 皆包含 I_A,故 $s(R)$ 与 $t(R)$ 也是 A 上的自反关系.

注意: 对于传递关系,其对称闭包可能失去传递性.

（c）设 R 是非空集合 A 上的关系,则

（1）$rs(R)=sr(R)$

（2）$rt(R)=tr(R)$

（3）$st(R)\subseteq ts(R)$

证明　只证（1）　其余留作练习.

$$
\begin{aligned}
sr(R) &= s(I_A \bigcup R) \\
&= (I_A \bigcup R) \bigcup (I_A \bigcup R)^{-1} \\
&= (I_A \bigcup R) \bigcup (I_A^{-1} \bigcup R^{-1}) \\
&= I_A \bigcup R \bigcup R^{-1} \\
&= I_A \bigcup s(R) \\
&= rs(R)
\end{aligned}
$$

通常用 R^+ 表示 R 的传递闭包 $t(R)$,读作"R 正";用 R^* 表示 R 的自反传递闭包 $tr(R)$,读作"R 星".在研究形成语言和计算机模型时经常使用 R^+ 和 R^*.

习题 4.5

1. 根据图 4-3 中的有向图,写出邻接矩阵和关系 R,并求出该关系 R 的自反闭包,对称闭包和传递闭包.

2. 设 R_1 和 R_2 是 A 上的关系,证明:

（a）$r(R_1\bigcup R_2)=r(R_1)\bigcup r(R_2)$;

（b）$s(R_1\bigcup R_2)=s(R_1)\bigcup s(R_2)$;

（c）$t(R_1\bigcup R_2)\supseteq t(R_1)\bigcup t(R_2)$.

3. 设 R 是集合 A 上的一个任意关系,$R^*=tr(R)$,证明下列各式:

（a）$(R^+)^+=R^+$;

（b）$R \circ R^* = R^+ = R^* \circ R$；

（c）$(R^*)^* = R^*$.

4. 试举例说明 $st(R) \neq ts(R)$.

5. 设 R 的关系图如图 4-4 所示.

试给出 $r(R)$，$s(R)$ 和 $t(R)$ 的关系图.

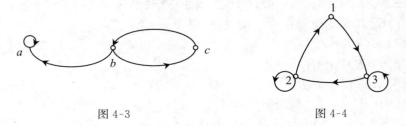

图 4-3   图 4-4

4.6 等价关系与划分

等价关系是一类重要的二元关系.

定义 4.14 设 R 为非空集合上的关系. 如果 R 是自反的,对称的和传递的,则称 R 为 A 上的等价关系. 设 R 是一个等价关系,若 $\langle x, y \rangle \in R$,称 x 等价于 y,记作 $x \sim y$.

例 4.17 设集合 $A = \{a, b, c, d, e, f\}$，A 上的关系 $R = \{\langle a, a \rangle, \langle a, b \rangle, \langle b, a \rangle, \langle b, b \rangle, \langle c, c \rangle, \langle d, d \rangle, \langle d, e \rangle, \langle d, f \rangle, \langle e, e \rangle, \langle e, d \rangle, \langle e, f \rangle, \langle f, d \rangle, \langle f, e \rangle, \langle f, f \rangle\}$ 为等价关系.

其关系图如图 4-5 所示.

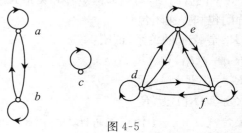

图 4-5

上述关系图被分为三个互不连通的部分. 每部分中的元素两两都有关系, 不同部分中的元素则没有关系.

例 4.18 命题演算中的逻辑等价关系是等价关系.

例 4.19 整数集 Z 上的模 k 同余关系是等价关系.

证明 设 k 为一正整数, $x, y \in Z$, $x \equiv y \pmod k$ 易得

$$x \equiv x \pmod k$$

若 $x \equiv y \pmod k$, 则 $y \equiv x \pmod k$.

若 $x \equiv y \pmod k$, $y \equiv z \pmod k$, 则 $x \equiv z \pmod k$.

定义 4.15 设 R 为非空集合 A 上的等价关系, $\forall x \in A$, 令 $[x]_R = \{y \mid y \in A \wedge xRy\}$, 称 $[x]_R$ 为 x 关于 R 的等价类, 简称为 x 的等价类, 简记为 $[x]$ 或 $\bar{x}$. x 称为等价类 $[x]_R$ 的一个代表元素.

如果等价类个数有限, 则 R 的不同等价类的个数叫做 R 的秩.

在例 4.19 中的所有不同等价类分别为

$$[i] = \{nz + i \mid z \in Z\}, i = 0, 1, \cdots, n-1$$

等价类有以下若干性质:

设 R 为非空集合 A 上的等价关系, 则

(a) $\forall x \in A, [x] \neq \varnothing$.

(b) $\forall x, y \in A$, 若 xRy, 则 $[x] = [y]$.

(c) $\forall x, y \in A$, 若 $x \not\!R y$, 则 $[x] \bigcap [y] = \varnothing$.

(d) $\bigcup \{[x] \mid x \in A\} = A$.

证明 (a) $[x] \subseteq A$, 由自反性知 xRx, $x \in [x]$, 即 $[x] \neq \varnothing$.

(b) $\forall z \in [x] \Rightarrow xRz \Rightarrow zRx \Rightarrow zRx \wedge xRy \Rightarrow zRy \Rightarrow yRz \Rightarrow z \in [y]$ 因此 $[x] \subseteq [y]$.

同理可证 $[y] \subseteq [x]$. 从而 $[x] = [y]$.

(c) 若 $[x] \bigcap [y] \neq \varnothing$, 则 $\exists z \in [x] \bigcap [y] \Rightarrow z \in [x] \wedge z \in [y]$, $\Rightarrow xRz \wedge yRz \Rightarrow xRz \wedge zRy \Rightarrow xRy$, 与 $x \not\!R y$ 矛盾. 即假设错误, 原命题成立.

(d) $\forall y \in A$, 有 $y \in [y] \wedge y \in A \Rightarrow y \in \bigcup \{[x] \mid x \in A\}$ 从而

$$A \subseteq \bigcup \{[x] \mid x \in A\}$$

另一方面,

$$\forall y \in \bigcup \{[x] \mid x \in A\} \Rightarrow \exists x (x \in A \wedge y \in [x])$$

$$\Rightarrow y \in A$$

从而有 $\bigcup\{[x] \mid x \in A\} \subseteq A$.

综合上述得 $\bigcup\{[x] \mid x \in A\} = A$.

由非空集合 A 和 A 上的等价关系 R 可以构造一个新的集合:商集.

定义 4.16 设 R 为非空集合 A 上的等价关系,以 R 的所有等价类作为元素的集合称为 A 关于 R 的商集,记作 A/R,即

$$A/R = \{[x]_R \mid x \in A\}$$

例如整数集合 $\mathbb{Z}$ 上模 k 等价关系的商集是

$$\{\{[kz + i] \mid z \in \mathbb{Z}\} \mid i = 0, 1, \cdots, k-1\}$$

与等价关系及商集有密切联系的概念为集合的划分.

定义 4.17 设 A 为非空集合,若 A 的子集族 $\pi(\pi \subseteq P(A))$,满足下面的条件:

(a) $\emptyset \notin \pi$.

(b) $\forall x \forall y(x, y \in \pi \land x \neq y \rightarrow x \cap y = \emptyset)$.

(c) $\bigcup \pi = A$.

则称 π 是 A 的一个划分,称 π 中的元素为 A 的划分块.

例 4.20 设 $A = \{a, b, c\}$,$\pi_1 = \{\{a\}, \{b\}, \{c\}\}$,$\pi_2 = \{\{a\}, \{b, c\}\}$ 皆为 A 的划分,而 $\pi_3 = \{\{a\}, \{b\}, \{b, c\}\}$ 不是 A 的划分.

划分并不惟一,利用已知划分可以构造新的划分.

例 4.21 设 $\{\pi_1, \pi_2, \cdots, \pi_s\}$ 与 $\{\varphi_1, \varphi_2, \cdots, \varphi_t\}$ 是同一集合 A 的两种划分,则其中所有 $\pi_i \cap \varphi_j \neq \emptyset$ 组成的集合亦是原集合 A 的一种划分,并称之为交叉划分.

证明 对于 $\{\pi_1 \cap \varphi_1, \pi_2 \cap \varphi_2, \cdots, \pi_1 \cap \varphi_t, \cdots, \pi_s \cap \varphi_1, \cdots, \pi_s \cap \varphi_t\}$,

任取 $\pi_i \cap \varphi_k$,$\pi_j \cap \varphi_l$,有

$$(\pi_i \cap \varphi_k) \cap (\pi_j \cap \varphi_l) = \emptyset$$

且

$$\bigcup (\pi_i \cap \varphi_j) = A$$

因此结论成立.

给定 A 的任意两个划分 $\{\pi_1, \pi_2, \cdots, \pi_s\}$ 和 $\{\varphi_1, \varphi_2, \cdots, \varphi_t\}$,若对于每一个 π_j 均有 φ_k,使 $\pi_j \subseteq \varphi_k$,则称 $\{\pi_1, \pi_2, \cdots, \pi_s\}$ 为 $\{\varphi_1, \varphi_2, \cdots, \varphi_t\}$ 的加细.

由例 4.21 知,任何两种划分的交叉划分,都是原来各划分的一种的加细.

根据商集的定义可知,商集就是 A 的一个划分,并且不同的商集将对应于不同的划分.反之,任给 A 的一个划分 π,如下定义 A 上的关系 R:

$$R=\{\langle x,y\rangle \mid x,y\in A \wedge x 与 y 在 \pi 的同一划分块中\}$$

易得 R 为 A 上的等价关系,且该等价关系所确定的商集就是 π. 由此可见,A 上的等价关系与 A 的划分是一一对应的.

例 4.22 设 R 是 A 上的二元关系,设 $R'=tsr(R)=t(s(r(R)))$,则

(a) R' 为 A 上的等价关系,R' 称为由 R 诱导的等价关系.

(b) 如果 R'' 为一等价关系且 $R\subseteq R''$,则 $R'\subseteq R''$,即 R' 为包含 R 的最小等价关系.

证明

(a) 根据闭包运算的定义知,$r(R)$ 自反,$sr(R)$ 对称,$tsr(R)$ 传递,故 R' 是 A 上的等价关系.

(b) 设 R'' 是任意的包含 R 的等价关系,则 R'' 是自反的和对称的,则

$$R''\supseteq R\cup R^{-1}\cup I_A=sr(R)$$

因为 R'' 是传递的且包含 $sr(R)$,故 R'' 包含 $tsr(R)$.

习题 4.6

1. 设 $A=\{a,b,c\}$,A 上的关系 R 的矩阵为 $M_R=\begin{bmatrix}1&0&0\\0&1&1\\0&1&1\end{bmatrix}$,$R$ 是否为等价关系?

2. 设 $A=\{a,b,c,d,e,f\}$,A 上的关系 R 的关系图如图 4-6 所示,问 R 是否为等价关系?

3. 设 R 是集合 A 上的一个自反关系,证明:R 是等价关系 $\Leftrightarrow$ 若 $\langle a,b\rangle\in R\wedge\langle a,c\rangle\in R\rightarrow\langle b,c\rangle\in R$.

4. 设 R 是 A 上的自反和传递关系,如下定义 A 上的关系 T,使得

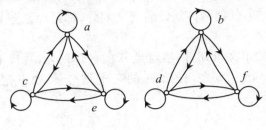

图 4-6

$\forall x,y \in A$

$$\langle x,y \rangle \in T \Leftrightarrow \langle x,y \rangle \in R \wedge \langle y,x \rangle \in R.$$

证明 T 是 A 上的等价关系.

5. 设 $A = \{1,2,3,4\}$，$S = A \times A$，定义 S 上的关系 R 为：

$$\langle a,b \rangle R \langle c,d \rangle \Leftrightarrow ad = bc.$$

（a）证明 R 为 S 上的等价关系.

（b）求出商集 S/R.

6. 设 $A = \{a,b,c,d\}$，A 上的等价关系

$$R = \{\langle a,b \rangle, \langle b,a \rangle, \langle c,d \rangle, \langle d,c \rangle\} \bigcup I_A$$

画出 R 的关系图，并求出 A 中各元素的等价类.

4.7 偏 序 关 系

在一个集合上，我们常常要考虑元素的次序关系，其中很重要的一类关系为偏序关系.

定义 4.18 设 R 为非空集合 A 上的关系. 如果 R 是自反的，反对称的和传递的，则称 R 为 A 上的偏序关系，记作 $\leqslant$. 设 $\leqslant$ 为偏序关系，如果 $\langle x,y \rangle \in \leqslant$. 则记作 $x \leqslant y$，读作 x "小于或等于" y.

例 4.23 实数集 $\mathbb{R}$ 上 "小于等于"关系 "$\leqslant$"是偏序关系.

例 4.24 整数集 I 上 "整除"关系 "$/$"是偏序关系.

例 4.25 $A = \{a,b,c\}$，$P(A)$ 上 "包含"关系 "$\subseteq$"是偏序关系.

注意：偏序关系是指某种顺序性，$x \leqslant y$ 的含义是：依该序，x 排在 y 的前边. 根据不同偏序的含义，对序有着不同的解释.

定义 4.19　设 R 为非空集合 A 上的偏序关系,定义

(a) $\forall x,y\in A, x<y\Leftrightarrow x\leqslant y\wedge x\neq y$.

(b) $\forall x,y\in A, x$ 与 y 可比 $\Leftrightarrow x\leqslant y\vee y\leqslant x$.

其中 $x<y$ 读作 x"小于"y.

在具有偏序关系 $\leqslant$ 的集合 A 中任取两个元素 x 和 y,可能有下述几种情况发生:

$x<y$(或 $y<x$),$x=y$,x 与 y 不是可比的.

定义 4.20　设 R 为空集合 A 上的偏序关系,如果 $\forall x,y\in A, x$ 与 y 都是可比的,则称 R 为 A 上的全序关系(或线序关系).

例如数集上的小于或等于关系是全序关系.

定义 4.21　集合 A 和 A 上的偏序关系 $\leqslant$ 一起叫做偏序集,记作 $\langle A,\leqslant\rangle$.

例如整数集合 $\mathbb{Z}$ 和数的小于或等于关系 $\leqslant$ 构成偏序集 $\langle\mathbb{Z},\leqslant\rangle$.

为了更清楚地描述集合中元素的层次关系,下面介绍"盖住"的概念.

定义 4.22　设 $\langle A,\leqslant\rangle$ 为偏序集. $\forall x,y\in A$,如果 $x<y$ 且不存在 $z\in A$,使得 $x<z<y$,则称 y 覆盖 x. 记 $\mathrm{cov}A=\{\langle x,y\rangle\mid x,y\in A\wedge y$ 覆盖 $x\}$.

例 4.26　设 A 是正整数 $m=18$ 的正因子的集合,并设 $\leqslant$ 为整除关系,求 $\mathrm{cov}A$.

解　$m=18$ 的正因子集合

$A=\{1,2,3,6,9,18\}$

$\mathrm{cov}A=\{\langle 1,2\rangle,\langle 1,3\rangle,\langle 2,6\rangle,\langle 3,6\rangle,\langle 3,9\rangle,\langle 6,18\rangle,\langle 9,18\rangle\}$

对于给定偏序集 $\langle A,\leqslant\rangle$,它的盖住关系是惟一的,故可用盖住的性质画出偏序集合图,或称哈斯图,其作图规则为

(a) 用小圆圈代表集合元素.

(b) 如果 $x\leqslant y$ 且 $x\neq y$,则将代表 y 的小圆圈画在代表 x 的小圆圈之上.

(c) 如果 $\langle x,y\rangle\in\mathrm{cov}A$,则在 x 与 y 之间用直线连接.

即在偏序关系图中,去掉圈及反映传递路径的有向边,用无向边表现出元素的上下位置关系(盖住关系).

例 4.27 画出例 4.26 中偏序关系的哈斯图及偏序集$\langle P(\{a,b,c\}),$
$\subseteq\rangle$的哈斯图.

解 两个哈斯图如图 4-7 所示.

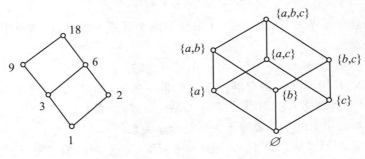

图 4-7

从哈斯图中可以看到偏序中各个元素处于不同层次的位置,从而偏序集中存在一些特殊元素.

定义 4.23 设$\langle A,\leqslant\rangle$为偏序集,$B\subseteq A,y\in B.$

（a）若$\forall x(x\in B\rightarrow y\leqslant x)$成立,则称$y$为$B$的最小元.

（b）若$\forall x(x\in B\rightarrow x\leqslant y)$成立,则称$y$为$B$的最大元.

（c）若$\forall x(x\in B\wedge x\leqslant y\rightarrow x=y)$成立,则称$y$为$B$的极小元.

（d）若$\forall x(x\in B\wedge y\leqslant x\rightarrow x=y)$成立,则称$y$为$B$的极大元.

例 4.28 设$A=\{2,3,5,7,14,15,21\}$其偏序关系R的哈斯图为图 4-8 所示.$B=\{2,3,7,14,21\}$,求B的极小元,极大元,最小元,最大元.

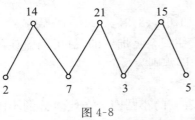

图 4-8

解 极小元:$2,3,7.$

极大元:$14,21.$

没有最小元与最大元.

例 4.29 在偏序集$\langle P(\{a,b,c\}),\subseteq\rangle$中,其哈斯图如图 4-7 所示.$\emptyset$为最小元,$\{a,b,c\}$为最大元.

极大（小）元与最大（小）元是有区别的.最大（小）元素与B中所有元素都可比;而极大（小）元素不一定与B中元素都可比,它的含义是只要B

中没有其他元素比它大(小),B 中极大(小)元素可能有多个,而最大(小)元素可能没有.但最大(小)元素一但存在,则必惟一.即:

设 $\langle A, \leqslant \rangle$ 为偏序集,且 $B \subseteq A$,若 B 中有最大(小)元素,则必惟一.

证明 只证最大元素情形.

设 a, b 皆为最大元,则 $a \leqslant b \wedge b \leqslant a \Rightarrow a = b$.

定义 4.24 设 $\langle A, \leqslant \rangle$ 为偏序集,$B \subseteq A$,$y \in A$.

(a) 若 $\forall x (x \in B \rightarrow x \leqslant y)$ 成立,则称 y 在 B 的上界.

(b) 若 $\forall x (x \in B \rightarrow y \leqslant x)$ 成立,则称 y 为 B 的下界.

(c) 令 $C = \{y \mid y$ 为 B 的上界$\}$,则称 C 的最小元为 B 的上确界,记为 lub$B$.

(d) 令 $D = \{y \mid y$ 为 B 的下界$\}$,则称 D 的最大元为 B 的下确界,记为 glb$B$.

例 4.30 设 $A = \{1, 2, 3, 6, 12, 24, 36\}$,偏序关系 "$/$",其哈斯图如图 4-9 所示.分别求 $B = \{2, 3, 6\}$,$C = \{12, 24, 36\}$ 的上下确界.

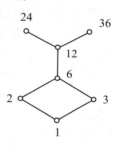

图 4-9

解 lub$B = 6$,glb$B = 1$.

lub$C$ 没有,glb$C = 12$.

定义 4.24 中,B 的上界,下界,上确界,下确界都可能不存在.如果存在,上确界与下确界是惟一的.

任一偏序集 $\langle A, \leqslant \rangle$,若 A 的每一非空子集存在最小元素,这种偏序集为良序集.

例 4.31 设 $N = \{0, 1, 2, \cdots, \}$,对于偏序关系 "$\leqslant$",则 $\langle N, \leqslant \rangle$ 为良序集.

习题 4.7

1. 判断下列关系哪些为偏序关系:

(a) $A = \mathbb{Z}$,$aRb \Leftrightarrow b^2 \mid a$

(b) $A = \mathbb{Z}$,$aRb \Leftrightarrow b = a^k, k \in \mathbb{Z}^+$

2. 确定以下偏序关系的哈斯图:

(a) $A = \{1, 2, 3, 4\}$,

$R = \{\langle 1,1 \rangle, \langle 1,2 \rangle, \langle 2,2 \rangle, \langle 2,4 \rangle, \langle 1,3 \rangle, \langle 3,3 \rangle, \langle 3,4 \rangle, \langle 1,4 \rangle,$
$\quad \langle 4,4 \rangle\}.$

(b) A 上的关系 R 的关系矩阵为

$$M_R = \begin{pmatrix} 1 & 1 & 1 & 1 \\ 0 & 1 & 1 & 1 \\ 0 & 0 & 1 & 1 \\ 0 & 0 & 0 & 1 \end{pmatrix}$$

3. 分别画出下列各偏序集 $\langle A, \leqslant \rangle$ 的哈斯图,并找出 A 的极大元,极小元,最大元和最小元.

(a) $A = \{1,2,3,4,5\}$

$\leqslant = \{\langle 1,2 \rangle, \langle 1,3 \rangle, \langle 1,4 \rangle, \langle 1,5 \rangle, \langle 2,5 \rangle, \langle 3,5 \rangle, \langle 4,5 \rangle\} \bigcup I_A$

(b) $A = \{a,b,c,d,e,f\}$

$\leqslant = \{\langle a,c \rangle, \langle b,c \rangle, \langle c,d \rangle, \langle c,e \rangle, \langle d,f \rangle, \langle e,f \rangle\} \bigcup I_A$

4. 设 $A = \{1,2,\cdots,20\}$,偏序关系为"/",$B = \{x \mid x \in A \wedge 2 \leqslant x \leqslant 5\}$,在偏序集 $\langle A, \leqslant \rangle$ 中求 B 的上界,下界,上确界和下确界.

第5章 函 数

函数是一个基本的数学概念,在通常的函数定义中,$y=f(x)$ 是在实数集合上讨论的. 本章我们将把函数的概念予以推广,将函数视为一种特殊的关系.

5.1 函数的概念

定义 5.1 设 f 为二元关系,若 $\forall x \in \mathrm{dom}f$,都存在惟一的 $y \in \mathrm{ran}f$ 使 xfy 成立,则称 f 为函数(或映射). 对于函数 f,如果有 xfy,则记作 $y=f(x)$,并称 y 为 f 在 x 的值.

函数与一般关系的区别在于:

(a) 函数的定义域为关系($f \subseteq X \times Y$)X 本身,而不能为 X 的某个真子集.

(b) $\forall x \in X$,只能对于应惟一的 y.

例 5.1 设 $X=\{a,b,c\}$,$Y=\{t_1,t_2,t_3,t_4\}$,则有 $f_1=\{\langle a,t_1 \rangle,\langle b,t_1 \rangle,\langle c,t_2 \rangle\}$,$f_2=\{\langle a,t_1 \rangle,\langle b,t_3 \rangle,\langle c,t_4 \rangle\}$ 是函数;$g_1=\{\langle a,t_1 \rangle,\langle b,t_2 \rangle\}$,$g_2=\{\langle a,t_1 \rangle,\langle b,t_2 \rangle,\langle a,t_3 \rangle\}$ 不是函数.

由函数的定义可知,函数仍是序偶的集合,故两个函数相等可用集合相等刻画.

定义 5.2 设 f,g 为函数,则
$$f=g \Leftrightarrow f \subseteq g \wedge g \subseteq f$$
如果两个函数 f 和 g 相等,则有:

(a) $\mathrm{dom}f=\mathrm{dom}g$

(b) $\forall x \in \mathrm{dom}f=\mathrm{dom}g$ 都有 $f(x)=g(x)$

定义 5.3 设 A,B 为集合,如果 f 为函数,且 $\mathrm{dom}f=A$,$\mathrm{ran}f \subseteq B$,则称 f 为从 A 到 B 的函数,记作 $f:A \rightarrow B$.

例如 $f:N \to N, f(x) = 2x+1$ 是从 N 到 N 的函数，$g:N \to N, g(x) = 1$ 也是从 N 到 N 的函数.

定义 5.4 所有从 A 到 B 的函数的集合记作 B^A，读作"B 上 A". 或记作

$$B^A = \{ f \mid f:A \to B \}$$

由函数的定义可知，函数 $f:A \to B$ 为 $A \times B$ 的子集，但由于函数的特殊性，$A \times B$ 的子集并不能都成为 A 到 B 的函数.

例 5.2 设 $A = \{1,2,3\}, B = \{s,t\}$，则 $|B^A| = 2^3$.

一般地，设 A 和 B 都为有限集，分别有 m 个和 n 个不同的元素，由于从 A 到 B 的任意一个函数的定义域为 A，在这些函数中每一个恰有 m 个序偶. 另外，任何元素 $x \in A$，可以有 B 的 n 个元素中的任何一个作为它的象，故共有 n^m 个不同的函数.

定义 5.5 设函数 $f:A \to B, A_1 \subseteq A, B_1 \subseteq B$.

（a）令 $f(A_1) = \{f(x) \mid x \in A_1\}$，称 $f(A_1)$ 为 A_1 在 f 下的像. 特别地，$f(A)$ 称为函数的像.

（b）令 $f^{-1}(B_1) = \{x \mid x \in A \wedge f(x) \in B_1\}$，称 $f^{-1}(B_1)$ 为 B_1 在 f 下的完全原像.

定义 5.6 设 $f:A \to B$，

（a）若 $\mathrm{ran} f = B$，则称 $f:A \to B$ 是满射的.

（b）若 $\forall y \in \mathrm{ran} f$ 都存在惟一的 $x \in A$ 使得 $f(x) = y$，则称 $f:A \to B$ 是单射的.

（c）若 $f:A \to B$ 既是满射的又是单射的，则称 $f:A \to B$ 是双射的.

可用简单图示表示，如图 5-1，图 5-2，图 5-3 所示.

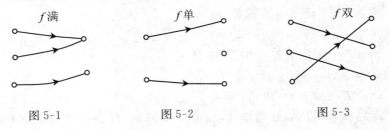

图 5-1　　　　　图 5-2　　　　　图 5-3

函数的概念在日常生活中也有很多应用. 如设 A 为人的集合, B 为任务集合, 函数 f 可定义为所有人完成某项任务的关系. 当 f 为满射时, 每项工作至少有一人完成, 当 f 为单射时, 没有两人做同一项工作, 当 f 为双射时, 每项工作有人完成且没有两人做同一项工作.

例 5.3 对于给定的集合 A 和 B 构造双射函数 $f:A\rightarrow B$.

(a) $A=[0,1],B=\left[\dfrac{1}{4},\dfrac{3}{2}\right]$

(b) $A=\mathbb{Z}$, $B=\mathbb{N}$

(c) $A=\mathbb{R}$, $B=R_+$

解 (a) 令 $f:[0,1]\rightarrow\left[\dfrac{1}{4},\dfrac{3}{4}\right]$, $f(x)=\dfrac{2x+1}{4}$.

(b) 将 $\mathbb{Z}$ 中元素依下列顺序排列并与 $\mathbb{N}$ 中元素对应:

$$
\begin{array}{ccccccccc}
\mathbb{Z}: & 0 & -1 & 1 & -2 & 2 & -3 & 3 & \cdots \\
 & \downarrow & \downarrow & \downarrow & \downarrow & \downarrow & \downarrow & \downarrow & \\
\mathbb{N}: & 0 & 1 & 2 & 3 & 4 & 5 & 6 & \cdots
\end{array}
$$

$$f:\mathbb{Z}\rightarrow\mathbb{N}\qquad f(x)=\begin{cases}2x & x\geqslant 0\\ -2x-1 & x<0\end{cases}$$

(c) 令 $f:\mathbb{R}\rightarrow R_+$, $f(x)=2^x$.

下面介绍一些常用函数.

设 $\mathbb{R}$ 为实数集, $P(x)=a_0+a_1x+a_2x^2+\cdots+a_nx^n,a_i\in R$, 为 n 次实多项式函数.

设 A 为非空集合, $I_A:A\rightarrow A$ 且 $I_A(x)=x$, $\forall x\in A$, 则 I_A 为 A 上的恒等函数.

设 $A=\{a,b,\cdots,z\},B=\{01,02,\cdots,26\},f:A\rightarrow B,f(a)=01,f(b)=02,\cdots,f(z)=26$ 为编码函数.

设 $f:\mathbb{N}\rightarrow\mathbb{N},f(n)=n+1$ 为皮亚诺后继函数.

设 $f_n:\mathbb{N}\rightarrow\mathbb{N},f_n(x)=r,x=kn+r,0\leqslant r<n$ 为模函数.

设 A 为非空集合, A 的特征函数 $\chi_A:A\rightarrow\{0,1\}$ 定义为

$$\chi_A(x)=\begin{cases}1 & x\in A\\ 0 & x\notin A\end{cases}$$

设 R 是 A 上的等价关系,令 $g:A \to A/R$

$g(x)=[x], \forall x \in A$,称 g 是从 A 到商集 A/R 的自然映射.

设 $f:A \to B$ 是函数,若前域 $\mathrm{dom} f \neq \varnothing$,则集合族 $\{f^{-1}(\{y\} \neq \varnothing\}$ 形成 A 的一个划分,与此划分相对应的等价关系 R 可定义为:

$$x_1 R x_2 \Leftrightarrow f(x_1) = f(x_2)$$

称 R 为 f 诱导的等价关系. 可相应地得到自然映射.

集合 A 上的双射函数是一个置换或排列. 若 $|A|=n$,则 A 上的置换称为 n 次的. n 次置换常写成

$$P = \begin{pmatrix} x_1 & x_2 & \cdots & x_n \\ P(x_1) & P(x_2) & \cdots & P(x_n) \end{pmatrix}$$

的形式,所有 n 次置换的个数恰为 $n!$ 个.

例 5.4 设 $A=\{1,2,3\}, f:A \to A, f(1)=3, f(2)=2, f(3)=1$,则 f 可写成 $\begin{pmatrix} 1 & 2 & 3 \\ 3 & 2 & 1 \end{pmatrix}$.

习题 5.1

1. 设 $A=\{1,2,3,4\}, B=\{a,b,c\}$,试确定下列关系是否为函数:

(a) $R=\{\langle 1,a \rangle, \langle 2,b \rangle, \langle 3,c \rangle\}$

(b) $S=\{\langle 1,a \rangle, \langle 1,b \rangle, \langle 2,b \rangle\}$

(c) $T=\{\langle 1,a \rangle, \langle 2,a \rangle, \langle 3,b \rangle, \langle 4,c \rangle\}$

2. 设 $A=\{a,b\}, B=\{1,2\}$,求 B^A.

3. 下述函数哪些是满射的,单射的和双射的.

(a) $f:\mathbb{N} \to \mathbb{N}, f(x)=3x+1$

(b) $f:\mathbb{N} \to \{0,1\}, f(x)= \begin{cases} 1 & x \text{ 为奇数} \\ 0 & x \text{ 为偶数} \end{cases}$

(c) $f:\mathbb{R} \to \mathbb{R}, \quad f(x)=x^2+x-6$

(d) $f:\mathbb{N} \to \mathbb{N}, \quad f(x)=(x) \bmod 4, x$ 除以 4 的余数.

4. 设 $A=\{1,2,3,4,5\}, A_1=\{1,2,3\}, A_2=\{4,5\}$,求 A_1, A_2, A 的特征函数 $\chi_{A_1}, \chi_{A_2}, \chi_A$.

5. 给定函数 f 和集合 A, B 如下:

(a) $f:\mathbb{N}\to\mathbb{N},f(x)=3x+1,A=\{2,3\}$，$B=\{1,3\}$

(b) $f:\mathbb{N}\to\mathbb{N}\times\mathbb{N},f(x)=\langle x,x+1\rangle,A=\{5\},B=\{2,3\}$

求 A 在 f 下的像 $f(A)$ 和 B 在 f 下的完全原像 $f^{-1}(B)$.

5.2　函数的复合与反函数

函数是一种特殊的二元关系，函数的复合就是关系的右复合.

定理 5.1　设 f,g 是函数，则 $f\circ g$ 也是函数，且满足

(a) $\mathrm{dom}(f\circ g)=\{x\mid x\in\mathrm{dom}f\wedge f(x)\in\mathrm{dom}g\}$

(b) $\forall x\in\mathrm{dom}(f\circ g)$ 有 $f\circ g(x)=g(f(x))$

证明　只证明 (b)

$$\forall x\in\mathrm{dom}(f\circ g)$$
$$\Rightarrow\exists y\exists z(y=f(x)\wedge z=g(y))$$
$$\Rightarrow\exists y(x\in\mathrm{dom}f\wedge y=f(x)\wedge y\in\mathrm{dom}g)$$
$$\Rightarrow x\in\{x\mid x\in\mathrm{dom}f\wedge f(x)\in\mathrm{dom}g\}$$
$$\forall x\in\mathrm{dom}f\wedge f(x)\in\mathrm{dom}g$$
$$\Rightarrow xf(f(x))\wedge f(x)g(g(f(x)))$$
$$\Rightarrow xf\circ g(g(f(x)))$$
$$\Rightarrow x\in\mathrm{dom}(f\circ g)\wedge f\circ g(x)=g(f(x))$$

所以 (b) 得证.

推论 1　设 f,g,h 为函数，则 $(f\circ g)\circ h$ 和 $f\circ(g\circ h)$ 都是函数，且
$$(f\circ g)\circ h=f\circ(g\circ h)$$

推论 2　设 $f:A\to B,g:B\to C$，则 $f\circ g:A\to C$，且 $\forall x\in A$ 都有
$$f\circ g(x)=g(f(x))$$

定理 5.2　设 $f:B\to C,g:B\to C$.

(a) 如果 $f:A\to B,g:B\to C$ 都是满射的，则 $f\circ g:A\to C$ 也是满射的.

(b) 如果 $f:A\to B,g:B\to C$ 都是单射的，则 $f\circ g:A\to C$ 也是单射的.

(c) 如果 $f:A\to B,g:B\to C$ 都是双射的，则 $f\circ g:A\to C$ 也是双射的.

证明　只证明 (c)

设 $f:A{\rightarrow}B,g:B{\rightarrow}C$ 皆为满射, $\forall z{\in}C{\Rightarrow}\exists y{\in}B$ 使
$$z=g(y){\Rightarrow}\exists x{\in}A$$
$$y=f(x)$$

由定理 5.1 有
$$f \circ g(x) = g(f(x)) = g(y) = z$$

从而 $f{\circ}g:A{\rightarrow}C$ 是满射的.

设 $f:A{\rightarrow}B,g:B{\rightarrow}C$ 皆为单射,存在 $x_1,x_2{\in}A$ 使得
$$f \circ g(x_1) = f \circ g(x_2)$$

由定理 5.1 有
$$g(f(x_1)) = g(f(x_2))$$

因为 $g:B{\rightarrow}C$ 是单射的,故 $f(x_1)=f(x_2)$. 又由于 $f:A{\rightarrow}B$ 也是单射的,所以
$$x_1=x_2$$

从而证明了 $f{\circ}g:A{\rightarrow}C$ 是单射的.

说明:该定理的逆命题不真.

定理 5.3 设 $f:A{\rightarrow}B$,则有
$$f = f \circ I_B = I_A \circ f$$

特别地,对于 $f{\in}A^A$ 有 $f{\circ}I_A=I_A{\circ}f=f$.

在关系中,R 为从 A 到 B 的关系,则有其逆关系 R^{-1},即
$$\langle y,x\rangle{\in}R^{-1}{\Leftrightarrow}\langle x,y\rangle{\in}R$$

对于函数是否也有类似的结论,即 $f:A{\rightarrow}B$ 为函数,则 f^{-1} 也为从 B 到 A 的函数. 回答是否定的.

这是因为 f^{-1} 为函数,必须有
$$\mathrm{dom}f^{-1}=B{\Leftrightarrow}\mathrm{ran}f=A,$$

但一般地,$\mathrm{ran}f{\subseteq}B$.

定理 5.4 设 $f:A{\rightarrow}B$ 是双射,则 $f^{-1}:B{\rightarrow}A$ 也是双射的,且
$$(f^{-1})^{-1}=f.$$

对于双射函数 $f:A{\rightarrow}B$,称 $f^{-1}:B{\rightarrow}A$ 是它的反函数.

定理 5.5 设 $f:A{\rightarrow}B$ 是双射的,则

$$f^{-1} \circ f = I_B, \quad f \circ f^{-1} = I_A$$

特别地,对于双射函数 $f:A \to A$,有

$$f^{-1} \circ f = f \circ f^{-1} = I_A$$

定理 5.6 设 $f:A \to B, g:B \to A$ 均为双射函数,则有

$$(f \circ g)^{-1} = g^{-1} \circ f^{-1}$$

例 5.5 设 $A = \{1,2,3\}$,则 A 上的所有置换为:

$$P_0 = \begin{pmatrix} 1 & 2 & 3 \\ 1 & 2 & 3 \end{pmatrix} \qquad P_1 = \begin{pmatrix} 1 & 2 & 3 \\ 1 & 3 & 2 \end{pmatrix} \qquad P_2 = \begin{pmatrix} 1 & 2 & 3 \\ 2 & 1 & 3 \end{pmatrix}$$

$$P_3 = \begin{pmatrix} 1 & 2 & 3 \\ 3 & 2 & 1 \end{pmatrix} \qquad P_4 = \begin{pmatrix} 1 & 2 & 3 \\ 2 & 3 & 1 \end{pmatrix} \qquad P_5 = \begin{pmatrix} 1 & 2 & 3 \\ 3 & 1 & 2 \end{pmatrix}$$

分别计算 $P_2^{-1}, P_3 \circ P_4^{-1}$.

解 $\quad P_2^{-1} = \begin{pmatrix} 1 & 2 & 3 \\ 2 & 1 & 3 \end{pmatrix}$

$$P_3 \circ P_4^{-1} = \begin{pmatrix} 1 & 2 & 3 \\ 3 & 2 & 1 \end{pmatrix} \circ \begin{pmatrix} 1 & 2 & 3 \\ 3 & 1 & 2 \end{pmatrix}$$

$$= \begin{pmatrix} 1 & 2 & 3 \\ 2 & 1 & 3 \end{pmatrix}$$

由于置换是双射函数,而双射函数的复合是双射函数,所以置换的复合是置换.

设 $b_1, b_2, \cdots, b_r$ 为集合 $A = \{a_1, a_2, \cdots, a_n\}$ 中 r 个不同的元素,置换 $P:A \to A, P(b_i) = b_{i+1}, i = 1, 2, \cdots, r-1; P(x) = x, x \in A - \{b_1, b_2, \cdots, b_r\}$,称为长度为 r 的循环置换,或记为 $(b_1 b_2 \cdots b_r)$.

例 5.6 设 $A = \{1,2,3,4,5\}$,循环置换 (125) 可写成

$$\begin{pmatrix} 1 & 2 & 3 & 4 & 5 \\ 2 & 5 & 3 & 4 & 1 \end{pmatrix}.$$

习题 5.2

1. 设 R 是集合 A 上的等价关系,在什么条件下,自然映射 $g:A \to A/R$ 是双射函数.

2. 设 $f:A\rightarrow B$,定义 A 上的关系 R 为 $x_1Rx_2\Leftrightarrow f(x_1)=f(x_2)$. 证明 R 是等价关系.

3. 设 $A=\{1,2,3,4\}$,置换 $P=\begin{bmatrix}1 & 2 & 3 & 4\\2 & 3 & 4 & 1\end{bmatrix}$,求最小正整数 k,使

$P^k=\begin{bmatrix}1 & 2 & 3 & 4\\1 & 2 & 3 & 4\end{bmatrix}$.

4. 设 $A=\{1,2,3,4,5,6\}$. 置换

$$P_1=\begin{bmatrix}1 & 2 & 3 & 4 & 5 & 6\\3 & 4 & 1 & 2 & 5 & 6\end{bmatrix}$$

$$P_2=\begin{bmatrix}1 & 2 & 3 & 4 & 5 & 6\\2 & 3 & 1 & 5 & 4 & 6\end{bmatrix}$$

求解方程 $P_1\circ x=P_2$.

5. 设 $f:\mathbb{Z}\rightarrow\mathbb{Z}, f(x)=(x)\bmod n$. 在 $\mathbb{Z}$ 上定义等价关系 R,

$$\forall x,y\in\mathbb{Z}$$
$$xRy\Leftrightarrow f(x)=f(y)$$

(a) 计算 $f(\mathbb{Z})$.

(b) 确定商集 $\mathbb{Z}/R$.

6. 设 $f:N\times N\rightarrow N\times N, f(\langle x,y\rangle)=\langle\dfrac{x+y}{2},\dfrac{x-y}{2}\rangle$,证明 f 是双射的.

7. 对于以下集合 A 和 B,构造从 A 到 B 的双射函数 $f:A\rightarrow B$.

(a) $A=\{a,b,c\}$, $B=\{1,2,3\}$

(b) $A=(0,1)$, $B=(0,2)$

8. 设 $f:A\rightarrow B, g:B\rightarrow C$,且 $f\circ g:A\rightarrow C$ 是双射的.

证明:(a) $f:A\rightarrow B$ 是单射的. (b) $g:B\rightarrow C$ 是满射的.

第6章 代 数 结 构

人们研究和观察现实世界中的各种现象和过程,往往要借助某些数学工具.针对某个具体问题选用适宜的数学结构去进行较为确切的描述,这就是所谓的"数学模型".本章我们将要研究的是一类特殊的数学结构:由集合上定义若干运算而组成的系统,或称为代数系统.

6.1 二元运算及其性质

定义 6.1 设 A 为集合,函数 $f:A \times A \to A$ 称为 A 上的二元运算.

例 6.1 (a) 自然数集合 N 上的加法和乘法是 N 上的二元运算,但减法和除法不是.

(b) 非零实数集 R^* 上的乘法和除法都是 R^* 上的二元运算,而加法和减法不是.

(c) $F = \{f \mid f:S \to S\}$,F 上函数的复合运算。为 F 上的二元运算.

(d) 设 $M_n(R)$ 表示所有 n 阶 $(n \geqslant 2)$ 实矩阵的集合,则矩阵的加法和乘法都是 $M_n(R)$ 上的二元运算.

通常用。,$*$,$\triangle$,$\cdots$ 等符号表示二元运算,称为算符.

对于抽象的运算,可列表给出(或称运算表).

设 $A = \{a_1, a_2, \cdots, a_n\}$ 为有限集,在 A 上定义二元运算 $*$,满足封闭性,表 6-1 为该二元运算的一般形式.

表 6-1

$*$	a_1	a_2	$\cdots$	a_n
a_1	$a_1 * a_1$	$a_1 * a_2$	$\cdots$	$a_1 * a_n$
a_2	$a_2 * a_1$	$a_2 * a_2$	$\cdots$	$a_2 * a_n$
$\vdots$	$\vdots$			
a_n	$a_n * a_1$	$a_n * a_2$	$\cdots$	$a_n * a_n$

例 6.2 设 $A=\{a,b\}$，在 A 上定义二元运算 $*$，对应的乘法表中每一行可以有 a 或 b，故有 2^4 种乘法表，即共有 16 种不同的二元运算.

例 6.3 设 R 为实数集合，定义 R 上的二元运算 $*$ 为

$$\forall x,y \in R, \; x*y = x$$

则有：

$$3*4 = 3$$
$$2*0 = 2$$
$$(-1)*(-2) = -1$$

例 6.4 设 $A=\{1,2,3,4\}$，定义 A 上的二元运算 $\circ$ 为：

$$x \circ y = (xy)\bmod 5 \; \forall x,y \in A$$

则运算 $\circ$ 的乘法表 6.2 所示.

表 6-2

$\circ$	1	2	3	4
1	1	2	3	4
2	2	4	1	3
3	3	1	4	2
4	4	3	2	1

关于二元运算有几个重要性质.

定义 6.1 设 $\circ$ 为 A 上的二元运算. 如果对于任意的 $x,y \in A$ 都有

$$x \circ y = y \circ x$$

则称运算 $\circ$ 在 A 上是可交换的，或者说运算 $\circ$ 在 A 上适合交换律.

例如实数集合上的加法和乘法是可交换的，但减法不可交换. n 阶 $(n \geqslant 2)$ 实矩阵集合 $M_n(R)$ 上的矩阵加法是可交换的，但矩阵乘法不是可交换的. A 上所有关系的集合上关系的复合运算不是可交换的.

例 6.5 实数集合 R 上定义二元运算 $*$ 为：

$$x*y = x+y+xy$$
$$\forall x,y \in R$$

则运算 $*$ 是可交换的.

定义 6.2 设。为 A 上的二元运算,如果对于任意的

$$x,y,z \in A$$

都有

$$(x \circ y) \circ z = x \circ (y \circ z)$$

则称运算。在 A 上是可结合的,或者说运算。在 A 上适合结合律.

在上例中的运算 $*$ 是可结合的.

例 6.6 在实数集合 R 上定义二元运算 $*$ 为:

$$a * b = \min\{a,b\}$$

$$\forall a,b \in R$$

则运算 $*$ 是可结合的.

定义 6.3 设。为 A 上的二元运算,如果对于任意的 $x \in A$ 都有

$$x \circ x = x$$

则称该运算适合幂等律.

如果 A 中的某些 x 满足 $x \circ x = x$,则称 x 为运算。的幂等元.

例 6.7 在自然数集合 N 上定义二元运算 $*$ 为:

$$a * b = \max\{a,b\}$$

$$\forall a,b \in N$$

则对任意的 $a \in N$ 都有 $a * a = a$.

若同时出现两个不同的二元运算,还可研究分配律和吸收律.

定义 6.4 设。和 $*$ 是 A 上的两个二元运算,如果对任意的

$$x,y,z \in A$$

有

$$x * (y \circ z) = (x * y) \circ (x * z) \qquad (左分配律)$$

$$(y \circ z) * x = (y * x) \circ (z * x) \qquad (右分配律)$$

则称运算 $*$ 对。是可分配的,也称 $*$ 对。适合分配律.

实数集 R 上的乘法对加法是可分配的,在幂集 $P(A)$ 上 $\bigcup$ 和 $\bigcap$ 是互相可分配的.

说明 讲分配律时应指明哪个运算对哪个运算可分配.

定义 6.5 设。和 $*$ 是 A 上的可交换的二元运算,如果对于任意的

$$x,y \in A$$

都有

$$x * (x \circ y) = x$$
$$x \circ (x * y) = x$$

则称。和 * 满足吸收律.

例如幂集 $P(A)$ 上的 $\bigcup$ 和 $\bigcap$ 运算满足吸收律,命题演算中的 $\land$ 和 $\lor$ 运算满足吸收律,自然数集 N 上的 min 和 max 运算也满足吸收律.

下面讨论有关二元运算的一些特异元素.

定义 6.6 设。为 A 上的二元运算,如果存在 e_l(或 e_r)$\in A$ 使得对任何 $x \in A$ 都有

$$e_l \circ x = x \qquad (\text{或 } x \circ e_r = x)$$

则称 e_l(或 e_r)是 A 中关于。运算的一个左单位元(或右单位元). 若 $e \in A$ 关于。运算既是左单位元又是右单位元,则称 e 为 A 上关于。运算的单位元.

在整数集 Z 上,0 是加法的单位元,1 是乘法的单位元. 在 A^A 上,恒等函数 I_A 是关于函数复合运算的单位元.

考虑非零实数的集合 R^*,定义如下的二元运算。:

$$\forall a,b \in R^*$$
$$a \circ b = a + b + 2$$

则 -2 为 R^* 关于运算。的单位元.

若另定义二元运算。:

$$\forall a,b \in R^*$$
$$a \circ b = a$$

则不存在 $e \in R^*$ 便得 $\forall b \in R^*$ 有 $e \circ b = b$. 所以。运算没有左单位元. 而 R^* 中的每一个元素 a 都是。运算的右单位元.

定理 6.1 设。为 A 上的二元运算,e_l,e_r 分别为。运算的左单位元和右单位元,则有

$$e_l = e_r = e$$

且 e 为 A 上关于。运算的惟一的单位元.

证明 $e_l = e_l \circ e_r = e_r = e$

若 e' 是 A 中的单位元,则有

$$e' = e \circ e' = e$$

所以 e 是 A 中关于 $\circ$ 运算的惟一的单位元.

定义 6.7 设 $\circ$ 为 A 上的二元运算,若存在元素 θ_l(或 θ_r)$\in A$ 便得对于任意的 $x \in A$ 有

$$\theta_l \circ x = \theta_l \qquad (或 \ x \circ \theta_r = \theta_r)$$

则称 θ_l(或 θ_r)是 A 上关于 $\circ$ 运算的左零元(或右零元). 若 $\theta \in A$ 关于 $\circ$ 运算既是左零元又是右零元,则称 θ 为 A 上关于 $\circ$ 运算的零元.

例如实数集合上 0 是普通乘法的零元,而加法没有零元. 在幂集 $P(A)$ 上 $\bigcup$ 运算的零元是 A,$\bigcap$ 运算的零元是 $\varnothing$. 在 R^* 上若定义运算 $\circ$,使得对任意的 $a, b \in R^*$ 有

$$a \circ b = b$$

则 R^* 中的任何元素都是关于 $\circ$ 运算的右零元,但没有左零元,从而没有零元.

和定理 6.1 类似地可以证明下面的定理.

定理 6.2 设 $\circ$ 为 A 上的二元运算,θ_l 和 θ_r 分别为 $\circ$ 运算的左零元和右零元,则有

$$\theta_l = \theta_r = \theta$$

且 θ 是 A 上关于 $\circ$ 运算的惟一的零元.

定理 6.3 设 $\circ$ 为 A 上的二元运算,e 和 θ 分别为 $\circ$ 运算的单位元和零元. 如果 A 至少有两个元素,则 $e \neq \theta$.

证明 用反证法. 假设 $e = \theta$,则 $\forall x \in A$ 有

$$x = x \circ e = x \circ \theta = \theta$$

与 A 中至少有两个元素矛盾.

定义 6.8 设 $\circ$ 为 A 上的二元运算,$e \in A$ 为 $\circ$ 运算的单位元,对于 $x \in A$,如果存在 $y_l \in A$(或 $y_r \in A$)使得

$$y_l \circ x = e \qquad (或 \ x \circ y_r = e)$$

则称 y_l(或 y_r)是 x 的左逆元(或右逆元). 若 $y \in A$ 既是 x 的左逆元又是 x 的右逆元,则称 y 是 x 的逆元. 如果 x 的逆元存在,则称 x 是可逆的.

在自然数集合 N 上只有 0 有加法逆元,就是 0 自己. 在 n 阶($n \geqslant 2$)实矩阵集合 $M_n(\mathbb{R})$ 上,n 阶全 0 矩阵是矩阵加法的单位元. 对任何 n 阶实矩阵 M,$-M$ 是 M 的加法逆元,而 n 阶单位矩阵是 $M_n(\mathbb{R})$ 上关于矩阵乘法的单位元. 只有 n 阶实可逆矩阵 M 存在乘法逆元 M^{-1}.

对于给定的集合和二元运算来说,逆元和单位元、零元不同. 如果单位元或零元存在,一定是惟一的. 而逆元能否存在,还与元素有关. 有的元素有逆元,有的元素没有逆元,不同的元素对应着不同的逆元. 如果运算是可结合的,那么对于集合中可逆的元素,逆元是惟一的.

定理 6.4 设 $\circ$ 为 A 上可结合的二元运算,e 为该运算的单位元,对于 $x \in A$ 如果存在左逆元 y_l 和右逆元 y_r,则有

$$y_l = y_r = y$$

且 y 是 x 的惟一的逆元.

证明 由 $y_l \circ x = e$ 和 $x \circ y_r = e$ 得

$$y_l = y_l \circ e = y_l \circ (x \circ y_r)$$
$$= (y_l \circ x) \circ y_r$$
$$= e \circ y_r = y_r$$

令 $y_l = y_r = y$,则 y 是 x 的逆元. 假设 $y' \in A$ 也是 x 的逆元,则

$$y' = y' \circ e = y' \circ (x \circ y)$$
$$= (y' \circ x) \circ y$$
$$= e \circ y = y$$

所以 y 是 x 的惟一的逆元.

由定理 6.4,可逆的元素 x 只有惟一的逆元,通常把它记作 x^{-1}.

定义 6.9 设 $\circ$ 为 A 上的二元运算,如果对于任意的 $x,y,z \in A$ 满足以下条件:

(a) 若 $x \circ y = x \circ z$ 且 $x \neq \theta$,则 $y = z$.

(b) 若 $y \circ x = z \circ x$ 且 $x \neq \theta$,则 $y = z$.

那么称 $\circ$ 运算满足消去律,其中(a)称作左消去律,(b) 称作右消去律.

整数集合上的加法和乘法都满足消去律. 幂集 $P(A)$ 上的并和交运算一般不满足消去律,而对称差运算满足消去律.

定理 6.5 设 $\circ$ 为 A 上的二元运算且可结合的,若 $a\in A$ 为可逆元,则对 a 满足消去律.

证明 $\forall x,y\in A$,若 $a\circ x=a\circ y$,因 a 可逆,故 a^{-1} 存在,

$$a^{-1}\circ(a\circ x)=a^{-1}\circ(a\circ y)$$
$$(a^{-1}\circ a)\circ x=(a^{-1}\circ a)\circ y$$

所以 $x=y$.

例 6.8 对于下面给定的集合和该集合上的二元运算,指出该运算的性质,并求出它的单位元,零元和所有可逆元素的逆元.

$$\mathbb{Q},\quad \forall x,y\in\mathbb{Q},\quad x\circ y=x+y+xy$$

解 $\circ$ 运算满足交换律.

$\circ$ 运算满足结合律.

$\circ$ 运算不满足幂等律,因为 $2\in\mathbb{Q}$,但

$$2\circ 2=2+2+2\times 2$$
$$=8\neq 2$$

$\circ$ 运算满足消去律.

$\forall x\in\mathbb{Q}$ 有

$$x\circ 0=0\circ x$$
$$=x$$

0 是 $\circ$ 运算的单位元.

$\forall x\in\mathbb{Q}$ 有

$$x\circ(-1)=-1$$
$$=(-1)\circ x$$

-1 是 $\circ$ 运算的零元.

$\forall x\in\mathbb{Q}$,欲使 $x\circ y=0$ 和 $y\circ x=0$ 成立,即

$$x+y+xy=0,$$

解得

$$y = \frac{-x}{x+1}(x \neq -1)$$

从而有

$$x^{-1} = -\frac{x}{x+1}(x \neq -1)$$

和二元运算一样,也可以使用算符来表示一元运算. 若 $f: A \to A$ 为 A 上的一元运算,则 $f(x) = y$ 可以用算符。记为

$$\circ (x) = y \text{ 或 } \circ x = y$$

其中 x 是参加运算的元素,y 为运算的结果.

6.2 代数系统

定义 6.10 非空集合 A 和 A 上 k 个一元或二元运算 $f_1, f_2, \cdots, f_k$ 组成的系统称为一个代数系统,简称代数,记作 $\langle A, f_1, f_2, \cdots, f_k \rangle$.

例如 $\langle \mathbb{N}, + \rangle$,$\langle \mathbb{Z}, +, \cdot \rangle$,$\langle \mathbb{Q}, +, \cdot \rangle$ 都是代数系统,其中 $+$ 和 $\cdot$ 分别表示普通加法和乘法.$\langle \mathbb{Z}_n, +_n, \times_n \rangle$ 是代数系统,其中

$$\mathbb{Z}_n = \{0, 1, \cdots, n-1\}$$

$+_n$ 和 $\times_n$ 分别表示模 n 的加法和乘法,对于 $\forall x, y \in \mathbb{Z}_n$

$$x +_n y = (x + y) \bmod n, x \times_n y$$
$$= (xy) \bmod n$$

$\langle P(A), \cup, \cap, {}^- \rangle$ 也是代数系统,其中含有两个二元运算 $\cup$ 和 $\cap$ 以及一个一元运算 ${}^-$.

在某些代数系统中存在着一些特定的元素,它对该系统的一元或二元运算起着重要的作用. 另外,研究代数,并不只是单独研究某个,有些代数可能具有不同的形式,但是,他们之间可能有一些共同的运算规律.

定义 6.11 如果两个代数系统中运算的个数相同,对应运算的元数相同,且代数常数的个数也相同,则称这两个代数系统具有相同的构成成分,也称他们是同类型的代数系统.

在规定了一个代数系统的构成成分,即集合、运算以及代数常数以

后,如果再对这些运算所遵从的算律加上限制,那么满足这些条件的代数系统就具有完全相同的性质,从而构成了一类特殊的代数系统.

定义 6.12 设 $V=\langle A, f_1, f_2, \cdots, f_k \rangle$ 是代数系统,$B \subseteq A$,如果 B 对 $f_1, f_2, \cdots f_k$ 都是封闭的,且 B 和 A 含有相同的代数常元,则称

$$\langle B, f_1, f_2, \cdots, f_k \rangle$$

是 V 的子代数系统,简称子代数. 也可简记为 B.

例 6.9 设 $V=\langle \mathbb{Z}, +, 0 \rangle$,令

$$n\mathbb{Z} = \{nz \mid z \in \mathbb{Z}\}$$

n 为自然数,则 $n\mathbb{Z}$ 是 V 的子代数.

证明 任取 $n\mathbb{Z}$ 中的两个元素 $nz_1, nz_2 (z_1, z_2 \in \mathbb{Z})$,则有

$$nz_1 + nz_2 = n(z_1 + z_2) \in n\mathbb{Z}$$

即 $n\mathbb{Z}$ 对 $+$ 运算是封闭的. 又

$$0 = n \cdot 0 \in n\mathbb{Z}$$

所以 $n\mathbb{Z}$ 是 V 的子代数.

习题 6.2

1. 设 $A=\mathbb{R}$ 为实数集,A 上的二元运算分别是 $+, \max, -$. 分别验证这些运算是否满足可结合性,可换性,单位元,零元.

2. 设 $*$ 为 $\mathbb{Z}^+$ 上的二元运算,

$$\forall x, y \in \mathbb{Z}^+$$

$$x * y = \max(x, y)$$

即 x 和 y 之中较大的数.

(a) 求 $3 * 5, 7 * 8$.

(b) $*$ 在 $\mathbb{Z}^+$ 上是否满足交换律、结合律和幂等律?

(c) 求 $*$ 运算的单位元,零元及 $\mathbb{Z}^+$ 中所有可逆元素的逆元.

3. 设 $A=\{1, 2, \cdots, 10\}$,问下面定义的运算能否与 A 构成代数系统 $\langle A, * \rangle$?如果能够构成代数系统则说明 $*$ 运算是否满足交换律、结合律,并求 $*$ 运算的单位元和零元.

(a) $x * y = gcd(x, y)$,$gcd(x, y)$ 是 x 与 y 的最大公约数.

（b）$x*y=$ 质数 p 的个数,其中 $x\leqslant p\leqslant y$.

4. 下面各集合都是 $\mathbb{N}$ 的子集,它们能否构成代数系统 $V=\langle\mathbb{N},+\rangle$ 的子代数:

（a）$\{x|x\in\mathbb{N}\wedge x$ 与 5 互质$\}$

（b）$\{x|x\in\mathbb{N}\wedge x$ 是 20 的因子$\}$

5. 设 $\langle A,*\rangle$ 是代数系统,$*$ 运算是可结合的,且对所有 $x,y\in A$,若 $x*y=y*x$,则 $x=y$,试证明:$\forall x\in A$,有 $x*x=x$.

6. 定义 $\mathbb{N}$ 上的两个二元运算为 $a*b=a^b,a\circ b=a\cdot b,\forall a,b\in A$,试证明:$*$ 对 $\circ$ 是不可分配的.

6.3 半　　群

半群是具有一个二元运算的代数系统.它虽是简单的代数系统,但已形成了丰富的理论,在计算机科学的形成语言和自动理论中都有具体的应用.

定义 6.13　（a）设 $V=\langle S,\circ\rangle$ 是代数系统,$\circ$ 为二元运算,如果 $\circ$ 是可结合的,则称 V 为半群.

（b）设 $V=\langle S,\circ\rangle$ 是半群,若 $e\in S$ 是关于 $\circ$ 运算的单位元,则称 V 是幺半群,也称作独异点.

表 6-3

0	a	b	c
a	a	b	c
b	b	a	c
c	c	b	a

例 6.10　设 $S=\{a,b,c\}$,在 S 上定义运算 $\circ$,其运算表如表 6-3 所示,则 $\langle S,\circ\rangle$ 是独异点.

证明　$\circ$ 运算是封闭的且是可结合的.而 a 为 $\circ$ 运算的单位元.

例 6.11　（1）设 n 是大于 1 的正整数,$\langle M_n(\mathbb{R}),+\rangle$ 和 $\langle M_n(\mathbb{R}),\cdot\rangle$ 都是半群,也都是独异点.

（2）$\langle\mathbb{Z}_n,+_n\rangle$ 为半群,也是独异点.

（3）$\langle A^A,\circ\rangle$ 为半群,也是独异点,其中 $\circ$ 为函数的复合运算.

例 6.12　设 $\mathbb{Z}$ 是整数集合,n 是任意正整数,$\mathbb{Z}_n$ 是由模 n 的同余类

组成的同余类集,在 $\mathbb{Z}_n$ 上定义两个二元运算 $+_n$ 和 $\times_n$ 分别为:

$$\begin{cases} [i]+_n[j]=[(i+j)(\mathrm{mod}\,n)] \\ [i]\times_n[j]=[(i\times j)(\mathrm{mod})n] \end{cases}$$

则 $\langle\mathbb{Z}_n,+_n\rangle$、$\langle\mathbb{Z}_n,\times_n\rangle$ 皆为独异点.

上例中,如果给定 $n=4$,那么 $+_4$ 和 $\times_4$ 的运算表如表 6-4 和表 6-5 所示.

表 6-4

$+_4$	[0]	[1]	[2]	[3]
[0]	[0]	[1]	[2]	[3]
[1]	[1]	[2]	[3]	[0]
[2]	[2]	[3]	[0]	[1]
[3]	[3]	[0]	[1]	[2]

表 6-5

$\times_4$	[0]	[1]	[2]	[3]
[0]	[0]	[0]	[0]	[0]
[1]	[0]	[1]	[2]	[3]
[2]	[0]	[2]	[0]	[2]
[3]	[0]	[3]	[2]	[1]

半群的子代数叫做子半群,独异点的子代数叫做子独异点. 若 $V=\langle S,*\rangle$ 是半群,$H\subseteq S$,只要 H 对 V 中的运算 $*$ 封闭,则 $\langle H,*\rangle$ 就是 V 的子半群. 而对独异点 $V=\langle S,*,e\rangle$ 来说,$H\subseteq S$,不仅 H 要对 V 中的运算 $*$ 封闭,而且 $e\in H$,此时 $\langle H,*,e\rangle$ 才构成 V 的子独异点.

例 6.13　$\langle\mathbb{Q},\times\rangle$ 为 $\langle\mathbb{R},\times\rangle$ 的子半群. $\langle\mathbb{N},+\rangle$ 为 $\langle\mathbb{Z},+\rangle$ 的子独异点

定义 6.14　设 $V_1=\langle S_1,*\rangle$,$V_2=\langle S_2,\circ\rangle$ 是半群(或独异点),令 $S=S_1\times S_2$,并定义 S 上的 $\cdot$ 运算如下:

$$\forall\langle a,b\rangle,\langle c,d\rangle\in S,\langle a,b\rangle\cdot\langle c,d\rangle=\langle a*c,b\circ d\rangle$$

称 $\langle S,\cdot\rangle$ 为 V_1 和 V_2 的直积,记作 $V_1\times V_2$.

任取 $\langle a,b\rangle,\langle c,d\rangle,\langle s,t\rangle\in S$,

$$\begin{aligned} &(\langle a,b\rangle\cdot\langle c,d\rangle)\cdot\langle s,t\rangle \\ =&\langle a*c,b\circ d\rangle\cdot\langle s,t\rangle \\ =&\langle(a*c)*s,(b\circ d)\circ t\rangle \\ =&\langle a*(c*s),b\circ(d\circ t)\rangle \\ =&\langle a,b\rangle\cdot(\langle c,d\rangle\cdot\langle s,t\rangle) \end{aligned}$$

所以 $\langle S,\cdot\rangle$ 构成半群.

若 V_1 和 V_2 是独异点,其单位元为 e_1 和 e_2.不难证明$\langle e_1,e_2\rangle$是 $V_1\times V_2$ 中的单位元.故 $V_1\times V_2$ 也是独异点.

最后说明,在半群(独异点)中,若运算是可换的,则可称此半群(独异点)为可换半群(独异点).

定理 6.6 设 $V=\langle S,*\rangle$为独异点,则在关于运算 $*$ 的运算表中任何两行或两列都是不相同的.

证明 设 V 中关于运算 $*$ 的单位元是 e.因对 $\forall a,b\in S$,且 $a\neq b$,总有 $e*a=a\neq b=e*b$,$a*e=a\neq b=b*e$,所以,在运算 $*$ 的运算表中不可能有两行或两列是相同的.

习题 6.3

1. 设 $A=\{0,1\}$,试给出半群$\langle A^A,\circ\rangle$的运算表,其中$\circ$为函数的复合运算.

2. 设 $A=\mathbb{Z}^+$,A 上定义运算 $*$ 为:
$\forall a,b\in A,a*b=GCD\{a,b\}$,则$\langle A,*\rangle$为独异点.

3. 设 $S=\{a,b\}$,构造半群$\langle P(S),\cap\rangle$的运算表.

4. 设$\langle A,*\rangle$为半群,对所有 x,y,若 $x*y=y*x$,则 $x=y$,试证明:$\forall x,y\in A$,有 $x*y*x=x$.

5. 设$\langle S,*\rangle$为半群,$a\in S$,在 S 上定义运算$\circ$,使得 $\forall x,y\in S,x\circ y=x*a*y$,则运算$\circ$可结合.

6.4 群

群是特殊的半群和独异点.

定义 6.15 设$\langle G,*\rangle$是代数系统,$*$ 为二元运算.如果 $*$ 运算是可结合的,存在单位元 $e\in G$,并且对 G 中的任何元素 x 都有 $x^{-1}\in G$,则称 G 为群.

例 6.14 $\langle\mathbb{Z}_n,+_n\rangle$是群.

解 由 $+_n$ 定义知:$+_n$ 运算是封闭的,结合律成立,存在单位元

$[0] \in \mathbb{Z}_n$,对 $\forall [x] \in \mathbb{Z}_n$,有 $[x]^{-1} = [n-x]$,从而 $\langle \mathbb{Z}_n, +_n \rangle$ 是群.

例 6.15 $\langle \mathbb{Z}, + \rangle$ 是群.

例 6.16 $\langle M_n(\mathbb{R}), \times \rangle$ 及 $\langle \mathbb{Z}_n, \times_n \rangle$ 不是群.

定义 6.16

(a) 若群 G 是有限集,则称 G 是有限群,否则称为无限群. 群 G 中的元素个数称为群 G 的阶,记作 $|G|$.

(b) 只含单位元的群称为平凡群.

(c) 若群 G 中的二元运算是可交换的,则称 G 为交换群或阿贝尔(Abel)群.

例如 $\langle \mathbb{Z}, + \rangle$,$\langle \mathbb{R}, + \rangle$ 是无限阿贝尔群,$\langle \mathbb{Z}_n, +_n \rangle$ 为 n 阶交换群. 但 n 阶 $(n \geqslant 2)$ 实可逆矩阵的集合关于矩阵乘法构成的群是非交换群.

定义 6.17 设 G 是群,$a \in G, n \in \mathbb{Z}$,则 a 的 n 次幂

$$a^n = \begin{cases} e & n = 0 \\ a^{n-1}a & n > 0 \\ (a^{-1})^m & n = -m \end{cases}$$

定义 6.18 设 G 是群,$a \in G$,使得等式

$$a^k = e$$

成立的最小正整数 k 称为 a 的阶(或周期),记作 $|a| = k$,这时也称 a 为 k 阶元. 若不存在这样的正整数 k,则称 a 为无限阶元.

例如 $\langle \mathbb{Z}, +_8 \rangle$ 中,$[4]$ 是 2 阶元,$[5]$ 是 8 阶元. 而在 $\langle \mathbb{Z}, + \rangle$ 中,0 是 1 阶元,其他的整数都是无限阶元.

关于群有若干性质.

定理 6.7 设 G 为群,则 G 中的幂运算满足:

(a) $\forall a \in G, (a^{-1})^{-1} = a$

(b) $\forall a, b \in G, (ab)^{-1} = b^{-1}a^{-1}$

(c) $\forall a \in G, a^m a^n = a^{m+n}, m, n \in \mathbb{Z}$

(d) $\forall a \in G, (a^n)^m = a^{mn}, n, m \in \mathbb{Z}$

定理 6.8 群中不可能有零元.

证明 设 $\langle G, * \rangle$ 为群,若 $|G| = 1$,它的惟一元素为单位元;若 $|G| > 1$

且群 G 中有零元 $0,\forall x\in G$ 有 $x*0=0*x=0$,故零元无逆元,矛盾.

定理 6.9 G 为群,$\forall a,b\in G$,方程 $ax=b$ 和 $ya=b$ 在 G 中有解且有惟一解.

证明 设 a 的逆元为 a^{-1},由 $ax=b$,有

$$a^{-1}(ax)=a^{-1}b$$
$$(a^{-1}a)x=a^{-1}b$$

从而 $x=a^{-1}b$ 为方程 $ax=b$ 的解.

假设 c 是方程 $ax=b$ 的解,则有 $ac=b$,从而有

$$c=ec=(a^{-1}a)c=a^{-1}(ac)=a^{-1}b$$

同理可证 ba^{-1} 是方程 $ya=b$ 的惟一解.

定理 6.10 G 为群,则 G 中适合消去律,即对任意 $a,b,c\in G$ 有

(a) 若 $ab=ac$,则 $b=c$.

(b) 若 $ba=ca$,则 $b=c$.

证明留作练习.

由此可知:群的运算表中没有两行(或两列)是相同的.

定理 6.11 群 G 的运算表中的每一行或每一列都是 G 的元素的一个置换.

证明 由消去律知,运算表中的任一行或任一列所含 G 中的一个元素不可能多于一次. 对于 $a\in G,\forall b\in G,b=a(a^{-1}b)$,故 G 中的任何元素皆出现在 a 所在的行和列. 而运算表中没有两行(列)相同. 故群 G 的运算表中每一行(列)都是 G 的元素的一个置换,且每一行(列)都是不相同的.

例 6.17 设 G 为群,$a,b\in G$,且 $(ab)^2=a^2b^2$. 证明 $ab=ba$.

证明 由 $(ab)^2=a^2b^2$ 得

$$abab=aabb$$

根据定理 6.10 得 $ba=ab$,即 $ab=ba$.

定理 6.12 设 G 为群,$a\in G$,且 $|a|=k$. 设 n 是整数,则

(1) $a^n=e$ 当且仅当 $k|n$

(2) $|a|=|a^{-1}|$

证明 (1) 充分性.

由于 $k|n$，必存在整数 m 使得 $n=mk$，所以有

$$a^n = a^{mk} = (a^k)^m = e^m = e$$

必要性. 存在整数 q 和 r 使得

$$n = qk + r, \quad 0 \leqslant r \leqslant k-1$$

从而有

$$e = a^n = a^{qk+r} = (a^k)^q a^r$$
$$= ea^r = a^r$$

因为 $|a|=k$，必有 $r=0$. 故 $k|n$.

(2) 由 $(a^{-1})^k = (a^k)^{-1} = e^{-1} = e$

从而 a^{-1} 的阶存在. 令 $|a^{-1}|=t$，由(1)证明可知 $t|k$. 而 a 又是 a^{-1} 的逆元，所以有 $k|t$. 从而 $k=t$，即 $|a|=|a^{-1}|$.

例 6.18 设 G 为有限群，则 G 中阶大于 2 的元素有偶数个.

证明 $\forall a \in G$ 有

$$a^2 = e \Longleftrightarrow |a|=1 \text{ 或 } |a|=2$$

且 $a^2 = e \Longleftrightarrow a = a^{-1}$.

从而得到 G 中阶大于 2 的元素 a，必有 $a \neq a^{-1}$. 所以 G 中阶大于 2 的元素一定成对出现. G 中若含有阶大于 2 的元素，一定是偶数个. 若 G 中不含阶大于 2 的元素，而 0 也是偶数.

例 6.19 设 G 为群，则单位元 e 是惟一的幂等元.

证明 由 $e^2 = e$，若 $a \neq e$，且 $a^2 = a$，有 $a = ea = (a^{-1}a)a = a^{-1}(a^2) = a^{-1}a = e$，矛盾.

习题 6.4

1. 设 $G = \{e, a, b\}$，且 $\langle G, * \rangle$ 为群，试构造群 $\langle G, * \rangle$ 的运算表.

2. 设 $G = \mathbb{R}$，$*$ 为 $\mathbb{R}$ 上的二元运算，$a, b \in G$，$a*b = a+b+2$，则 $\langle G, * \rangle$ 是否为群?

3. 设 $G = M_m(\mathbb{R})$ 为所有 n 阶实方阵集合，$*$ 为矩阵的普通和，则 $\langle G, * \rangle$ 是否为群?

4. 设 G 为群,若 $\forall x \in G$ 有 $x^2 = e$,证明 G 为交换群.

5. 证明偶数阶群必含有 2 阶元.

6. 设 G 是一个群,$a,b,c \in G$,证明

$$xaxba = xbc$$

在 G 中有且仅有一个解.

7. 设 G 是一个群,$x,y \in G$,证明

$$(x^{-1}yx)^k = x^{-1}yx \Leftrightarrow y^k = y$$

8. 设 G 是一个群,$u \in G$,在 G 中定义运算"$\circ$"为

$$a \circ b = au^{-1}b$$

证明 $\langle G, \circ \rangle$ 是一个群.

6.5　子　　群

定义 6.19　设 G 是群,H 是 G 的非空子集,如果 H 关于 G 中的运算构成群,则称 H 是 G 的子群,记作 $H \leqslant G$. 若 H 是 G 的子群,且 $H \subset G$,则称 H 是 G 的真子集,记作 $H < G$.

例如 $n\mathbb{Z}$(n 是自然数)是整数加群 $\langle \mathbb{Z}, + \rangle$ 的子群. 当 $n \neq 1$ 时,$n\mathbb{Z}$ 是 $\mathbb{Z}$ 的真子群.

例 6.20　$\langle \mathbb{Z}_6, +_6 \rangle$ 是 6 阶群,令 $H = \{[0],[2],[4]\}$,则 $H \leqslant \mathbb{Z}_6$.

下面给出子群的若干判定定理.

定理 6.13　设 G 为群,H 是 G 的非空子集. H 是 G 的子群当且仅当下面的条件成立:

(1) $\forall a,b \in H$ 有 $ab \in H$.

(2) $\forall a,b \in H$ 有 $a^{-1} \in H$.

证明　必要性显然成立. 下证充分性.

因 H 非空,必存在 $a \in H$,则 $a^{-1} \in H$,从而有 $aa^{-1} \in H$,即 $e \in H$. 结合条件(1),(2)得 $H \leqslant G$.

定理 6.14　设 G 为群,H 是 G 的非空子集. 则 H 是 G 的子群当且仅当 $\forall a,b \in H$ 有 $ab^{-1} \in H$.

证明 必要性

$\forall a,b \in H$，因 $H \leqslant G$，必有 $b^{-1} \in H$，从而有 $ab^{-1} \in H$.

充分性.

因 H 非空，必存在 $a \in H$. 由条件得 $e = aa^{-1} \in H$.

$\forall a \in H, a^{-1} = ea^{-1} \in H$.

$\forall a,b \in H$，由 $b^{-1} \in H$，从而 $ab = a(b^{-1})^{-1} \in H$.

故 $H \leqslant G$.

定理 6.15 设 G 为群，H 是 G 的非空子集. 如果 H 是有限集，则 $H \leqslant G \Leftrightarrow \forall a,b \in H$ 有 $ab \in H$.

证明 必要性显然成立

充分性

$\forall a \in H$，若 $a = e$，则 $a^{-1} \in H$. 若 $a \neq e$，令

$$S = \{a, a^2, \cdots\}$$

则 $S \subseteq H$. 由于 H 是有限集，必有 $a^i = a^j (i < j)$. 由 G 中的消去律得

$$a^{j-i} = e$$

因 $a \neq e$ 可知 $j - i > 1$，由此得

$$a^{j-i-1}a = e$$
$$aa^{j-i-1} = e$$

从而有 $a^{-1} = a^{j-i-1} \in H$，又 $e = aa^{-1} \in H$.

故 $H \leqslant G$

例 6.21 设 G 为群，$a \in G$，令

$$H = \{a^k \mid k \in \mathbb{Z}\}$$

则 H 是 G 的子群，称为由 a 生成的子群，记作 $\langle a \rangle$.

证明 因 $a \in \langle a \rangle$，所以 $\langle a \rangle$ 非空.

$\forall a^m, a^n \in \langle a \rangle$，则

$$a^m(a^n)^{-1} = a^m a^{-n}$$
$$= a^{m-n} \in \langle a \rangle$$

故 $\langle a \rangle \leqslant G$.

例 6.22 设 G 为群，H 和 K 皆为 G 的子群，则 $H \cap K$ 也为 G 的

子群.

  证明 由条件知 $H \cap K$ 非空.

  $\forall a, b \in H \cap K$，则 $a \in H$ 且 $a \in K, b \in H$ 且 $b \in K$ 因 $H \leqslant G, K \leqslant G$，从而 $ab^{-1} \in H$ 且 $ab^{-1} \in K$.

  因而 $ab^{-1} \in H \cap K$.

  故 $H \cap K \leqslant G$.

  例 6.23 设 G 是全体 n 阶实可逆的集合关于矩阵乘法构成的群. 其中 $n \geqslant 2$. 令

$$H = \{x \mid x \in G, \det x = 1\}$$

则 $H \leqslant G$.

  证明 设 E 为 n 阶单位矩阵，则 $E \in H, H$ 非空.

  $\forall A, B \in H$，则

$$\det(AB^{-1}) = \det A \det B^{-1}$$
$$= 1$$

所以 $AB^{-1} \in H$. 故 $H \leqslant G$.

  例 6.24 设 $G = R \times R, R$ 为实数集，G 上二元运算 $\oplus$ 为：$\forall \langle x_1, y_1 \rangle$，$\langle x_2, y_2 \rangle \in G, \langle x_1, y_1 \rangle \oplus \langle x_2, y_2 \rangle = \langle x_1 + x_2, y_1 + y_2 \rangle$. 令

$$H = \{\langle x, y \rangle \mid x, y \in R, y = 2x\}$$

证明 $H \leqslant G$.

  证明 $\forall \langle x_1, y_2 \rangle, \langle x_2, y_2 \rangle \in H$，有

$$\langle x_1, y_2 \rangle \oplus \langle x_2, y_2 \rangle^{-1} = \langle x_1, y_1 \rangle \oplus \langle -x_2, -y_2 \rangle$$
$$= \langle x_1 - x_2, y_1 - y_2 \rangle$$

因为

$$y_1 = 2x_1, y_2 = 2x_2$$

所以

$$y_1 - y_2 = 2(x_1 - x_2)$$

从而有

$$\langle x_1, y_1 \rangle \oplus \langle x_2, y_2 \rangle^{-1} \in H$$

故

$$H \leqslant G$$

习题 6.5

1. 设 G 为群，$\forall a \in G$，令 $C = \{x \mid xa = ax, x \in G\}$，则 $C \leqslant G$.

2. 设 H 和 K 均为群 G 的子群，令 $HK = \{hk \mid h \in H, k \in K\}$，证明 $HK \leqslant G \Leftrightarrow HK = KH$.

3. 设 H 是群 G 的子群，$x \in G$，令

$$xHx^{-1} = \{xhx^{-1} \mid h \in H\}$$

证明 xHx^{-1} 是 G 的子群，称为 H 的共轭子群.

4. 试求群 $\langle \mathbb{Z}_6, +_6 \rangle$ 的所有子群.

5. 设 i 的虚数单位，即 $i^2 = -1$，令

$$G = \left\{ \pm \begin{bmatrix} 1 & 0 \\ 0 & 1 \end{bmatrix}, \pm \begin{bmatrix} i & 0 \\ 0 & -i \end{bmatrix}, \pm \begin{bmatrix} 0 & 1 \\ -1 & 0 \end{bmatrix}, \pm \begin{bmatrix} 0 & i \\ i & 0 \end{bmatrix} \right\}$$

G 上的二元运算为矩阵乘法.

试找出 G 的所有子群.

6.6 陪集与格拉朗日定理

群理论中一个重要内容是群 G 的任意子群 H 将 G 分解.

设 G 为群，$H, K \subseteq G$ 且皆非空，记

$$HK = \{hk \mid h \in H, k \in K\}$$
$$H^{-1} = \{h^{-1} \mid h \in H\}$$

分别称为 H, K 的积和 H 的逆.

定义 6.20 设 H 是群 G 的子群，$a \in G$. 令

$$aH = \{ah \mid h \in H\}$$

称 aH 是子群 H 在 G 中的左陪集. 称 a 为 aH 的代表元素.

类似地，也可以定义 H 的右陪集，即

$$Ha = \{ha \mid h \in H\}$$

例 6.25 设 $G = \mathbb{R} \times \mathbb{R}$，$\mathbb{R}$ 为实数集，G 上二元运算 $\oplus$ 同例 6.24，令 $H = \{\langle x, y \rangle \mid y = 2x, x, y \in \mathbb{R}\}$. 则有 $H \leqslant G$. 试求 H 的左陪集.

解 $\forall \langle x_0, y_0 \rangle \in G,$

$$\langle x_0, y_0 \rangle \oplus H = \{\langle x_0, y_0 \rangle \oplus \langle x, y \rangle \mid \langle x, y \rangle \in H\}$$
$$= \{\langle x_0 + x, y_0 + y \rangle \mid \langle x, y \rangle \in H\}$$

其几何意义表示平行于过原点直线 $y = 2x$ 的直线簇.

例 6.26 设 $G = \langle \mathbb{Q}^*, \cdot \rangle$,即所有非零有理数关于数目乘法组成的群. 取 $H = \{1, -1\}$,则 $H \leqslant G$. 任取 $a \in \mathbb{Q}^*$,则 $aH = \{a, -a\}$.

例 6.27 设 G 为有理数加群,H 为整数加群,则 $H \leqslant G$ 且 H 的所有左陪集为:

$$H, \frac{1}{2} + H, \frac{1}{3} + H, \frac{2}{3} + H, \frac{1}{4}H, \frac{3}{4} + H, \cdots.$$

由定义 6.20 可知以下命题成立.

(1) $eH = H$

(2) $aH = bH \Leftrightarrow a^{-1}b \in H$

(3) $aH = H \Leftrightarrow a \in H$

上述(2)中给出了两个左陪集相等的充要条件,并且说明在左陪集中的任何元素都可以作它的代表元素.

对于有限群,有一重要定理:

定理 6.16 (拉格朗日定理)

设 G 为群,$H \leqslant G$. 则

(1) 令 $R = \{\langle a, b \rangle \mid a, b \in G \text{ 且 } a^{-1}b \in H\}$,,有 R 是 G 上的一个等价关系. $\forall a \in G, [a]_R = \{x \mid x \in G \text{ 且 } \langle a, x \rangle \in R\}$,则 $[a]_R = aH$.

(2) 若 G 是有限群,$|G| = n, |H| = m$,则 $m \mid n$.

证明 (1)

$\forall a \in G, e = a^{-1}a \in H$,故 aRa.

$\forall a, b \in G$,若 aRb,则 $a^{-1}b \in H$. 而 $b^{-1}a = (a^{-1}b)^{-1} \in H$,所以 bRa.

$\forall a, b, c \in G$,若 aRb, bRc,则有 $a^{-1}b \in H, b^{-1}c \in H$,从而

$$a^{-1}c = (a^{-1}b)(b^{-1}c) \in H$$

即 aRc.

因此 R 是 G 上的一个等价关系.

$$\forall a \in G, b \in [a]_R \Leftrightarrow a^{-1}b \in H \Leftrightarrow b \in aH.$$

因此 $[a]_R = aH.$

（2）因 R 是 G 中的一个等价关系，所以它将 G 划分成不同的等价类 $[a_1]_R, [a_2]_R, \cdots, [a_k]_R$，使得

$$G = \bigcup_{i=1}^{k} [a_i]_R = \bigcup_{i=1}^{k} a_i H$$

由消去律知

$$|a_i H| = |H| = m, i = 1, 2, \cdots, k$$

即 $m | n.$

注：称 H 在 G 中不同的左陪集个数为 H 在 G 的指数，记作 $[G:H].$

推论 1 有限群 G 中每一元素的阶数都是群 G 阶数的因子.

证明 设 $a \in G, a$ 的阶数为 $m, |G| = n$，则 $H = (a)$ 为群 G 的 m 阶子群，故 $m | n.$

推论 2 每一个阶数为素数 p 的群 G 都是循环群.

证明 因 $p > 1$，故存在 $a \in G, a$ 的阶数 $m > 1$，又 $m | p$，而 p 是素数，所以

$$m = p$$

即

$$G = (a)$$

例 6.28 设群 G 的阶数为 4，则 G 或为循环群，或为 klein 的四元群.

证明 若 G 含有 4 阶元素 a，则 $G = (a)$. 若 G 不含有 4 阶元素，则除单位元 e 以外，G 的每一元的阶数均为 2. 设 $G = \{e, a, b, c\}$，可以证明 $ab = c$，$ba = c, ac = ca = b, bc = cb = a.$ 又 $a^2 = b^2 = c^2 = e$，故得出 G 的运算表 6-6.

表 6-6

·	e	a	b	c
e	e	a	b	c
a	a	e	c	b
b	b	c	e	a
c	c	b	a	e

例 6.29 设 G 是阶数 6 的群,则 G 至少含有一子群 H,$|H|=3$.

证明 若 G 中单位元 e 以外的元,阶数不能全为 2. 否则 G 为可换群. 取 $K=\{e,a,b,ab\}$,则 $K\leqslant G$,而 $|K|=4\,|\,6$,矛盾. 由此可见,G 中存在元素 u,其阶数不是 2,由推论 1,u 的阶数只能是 3 或 6. 若 u 的阶数为 3,则 $H=(u)$,即为所求. 若 u 的阶数为 6,则 G 是循环群,$H=(u^2)$ 即为所求.

对于 G 的任意子群 H,左陪集 aH 未必等于右陪集 Ha. 对于 G 的特殊子群,有可能其左陪集都等于其右陪集,这样的子群在以下内容中占有重要地位.

定义 6.21 设 H 是群 G 的一个子群,如果
$$\forall a \in G \quad aH = Ha$$
则称 H 是 G 的一个不变子群(或正规子群). 记作 $H \triangleleft G$.

对于不变子群 H,不必区分左或右陪集,简称为 H 的陪集.

例 6.30 G 是交换群,则 G 的任一子群都是不变子群.

例 6.31 设 H 是 G 的一个子群,$[G:H]=2$,则 H 是 G 的不变子群.

证明 $\forall a\in G$,若 $a\in H$,则 $aH=Ha$. 若 $a\notin H$,则 aH,H 是 G 的两个不同的左陪集,因 $[G:H]=2$,故 $G=H\bigcup aH$. 同理 $G=H\bigcup Ha$. 又 $H\bigcap aH=\varnothing=H\bigcap Ha$,故 $aH=G-H=Ha$,即对 $\forall a\in G$,均有 $aH=Ha$,所以 H 是 G 的不变子群.

判断 G 的一个子群 H 是不是不变子群,除了按照定义外,还有以下几种方法.

定理 6.17 设 H 是 G 的子群,则下面四个条件是等价的:

(1) H 是 G 的不变子群;

(2) $aHa^{-1}=H$,$\forall a\in G$;

(3) $aHa^{-1}\subseteq H$,$\forall a\in G$;

(4) $aha^{-1}\in H$,$\forall a\in G$,$\forall h\in H$.

证明 我们按照下面途径:(1)$\Rightarrow$(2)$\Rightarrow$(3)$\Rightarrow$(4)$\Rightarrow$(1),从而四个条件等价.

(1) $\Rightarrow$ (2). 因 H 是不变子群, 故对 $\forall a \in G$, 有 $aH = Ha$, 于是
$$aHa^{-1} = (aH)a^{-1} = (Ha)a^{-1} = H(aa^{-1}) = He = H$$
即(2)成立.

(2) $\Rightarrow$ (3)　$\forall a \in G, aHa^{-1} = H \Rightarrow aHa^{-1} \subseteq H.$

(3) $\Rightarrow$ (4)　由于 $aHa^{-1} \subseteq H$, 故 $\forall a \in G, h \in H$, 有 $aha^{-1} \in H.$

(4) $\Rightarrow$ (1)　设 $aha^{-1} \in H$, 故对 $\forall h \in H$, 存在 $h_1 \in H$, 使
$$aha^{-1} = h_1$$
有 $ah = h_1 a$, 故 $aH \subseteq Ha.$

又 $\forall ha \in Ha$, 则 $a^{-1}ha \in H$, 故存在 $h_1 \in H$, 使得 $a^{-1}ha = h_1$, 故
$$ha = ah_{1} \in aH$$
即 $Ha \subseteq aH$,

从而　　　　　　　　　$aH = Ha, \forall a \in G$

即 H 是 G 的不变子群.

由该定理知, 我们判断一个子群是不是不变子群, 除了应用不变子群的定义外, 也可应用(2)、(3)、(4)中任何一种. 一般说来, (4)比较方便, 不需要判断两个子集是否相等.

例 6.32　例 6.23 中的 H 为 G 的不变子群.

证明　已知 $H \leqslant G.$　$\forall X \in G, M \in H,$
$$\begin{aligned}\det(XMX^{-1}) &= \det X \cdot \det M \cdot \det X^{-1} \\ &= \det X \cdot \det X^{-1} \\ &= \det(X \cdot X^{-1}) = 1\end{aligned}$$
所经 $XMX^{-1} \in H.$ H 是 G 的不变子群.

由群 G 和 G 的不变子群 H 可以构造一个新的群, 就是 G 的商群 $G/H.$

设 G 是群, H 是 G 的不变子群, 令 G/H 是 H 在 G 中的全体左陪集(或右陪集)构成的集合, 即
$$G/H = \{aH \mid a \in G\}$$
在 G/H 上定义二元运算 $\triangle$ 如下:
$$\forall aH, bH \in G/H$$

$$aH \triangle bH = abH$$

可以证明$\langle G/H, \triangle \rangle$构成一个群.称为$G$的商群.

例 6.33 设$\langle \mathbb{Z}, + \rangle$是整数加群,令

$$3\mathbb{Z} = \{3z \mid z \in \mathbb{Z}\}$$

则$3\mathbb{Z}$是$\mathbb{Z}$的不变子群.$\mathbb{Z}$关于$3\mathbb{Z}$的商群

$$\mathbb{Z}/3\mathbb{Z} = \{[0], [1], [2]\}$$

习题 6.6

1. $G = \langle \mathbb{Z}_6, +_6 \rangle$为群,试写出$G$的每个子群及其相应的左陪集.

2. 设G为群,令$C = \{x \mid \forall a \in G, xa = ax, x \in G\}$,则$C$为$G$的不变子群.

3. 设G为群,H, K均为G的不变子群,则$A \cap B, AB$都是G的不变子群.

4. 设p是质数,证明:p^m阶群一定包含着一个p阶子群.

5. 设$G = M_m(\mathbb{Q}), H = \{A \mid A \in G, \det A = 1\}$,证明$H$是$G$的不变子群.

6. 设G是一个群,S是G的子群,令$N(S) = \{x \mid x \in G, xSx^{-1} = S\}$,则$N(S)$是$G$的不变子群.$N(S)$叫做$S$的正规化子.

7. 设$G = \langle \mathbb{Q}, + \rangle, H = \mathbb{Z}_+$为$G$的不变子群.

6.7 群的同态与同构

定义 6.22 设$\langle G_1, * \rangle$和$\langle G_2, \circ \rangle$都是群,$\varphi: G_1 \to G_2$,若$\forall a, b \in G_1$,都有

$$\varphi(a * b) = \varphi(a) \circ \varphi(b)$$

则称φ是群G_1到G_2的同态映射,简称同态.

例 6.34 设G_1, G_2是两个群,令

$$\varphi: x \longmapsto e_2, \forall x \in G_1$$

e_2是G_2的单位元,则φ是G_1到G_2的同态.

该同态映射是任意两个群之间都有的,通常叫做零同态.

例 6.35 设 G 为整数加群,G' 为非零实数关于普通乘法构成的群. 令

$$\varphi : x \longmapsto e^x$$

则 φ 是 G 到 G' 的同态.

定义 6.23 设 $\varphi : G_1 \to G_2$ 是群 G_1 到 G_2 的同态.

(1) 若 φ 是满射的,则称 φ 为满同态,这时也称 G_2 是 G_1 的同态像,记作 $G_1 \overset{\varphi}{\sim} G_2$.

(2) 若 φ 是单射的,则称 φ 为单同态.

(3) 若 φ 是双射的,则称 φ 为同构,记作 $G_1 \overset{\varphi}{\cong} G_2$.

(4) 若 $G_1 = G_2$,则称 φ 是群 G 的自同态.

例 6.36 设 G 为循环群[①],$|G| = n$,则 $G \cong Z_n$;若 G 为无限循环群,则 $G \cong \mathbb{Z}$.

证明 设 G 为有限阶循环群,$G = (a)$,$|G| = n$,构造映射

$$f : a^i \longmapsto [i]$$

则 f 为 $G \to Z_n$ 的双射,且对

$$\forall a^i, a^j \in G$$
$$f(a^i a^j) = f(a^{i+j})$$
$$= [i+j] = [i] +_n [j]$$
$$= f(a^i) +_n f(a^j)$$

故 f 为同构映射,得 $G \cong Z_n$.

若 G 为无限循环群,构造 $f : a^i \longmapsto i$,易证 f 为 $G \to \mathbb{Z}$ 的同构映射,从而 $G \cong \mathbb{Z}$.

同构是很重要的,两个形式上不同的代数系统,如果它们同构的话,那么就可以抽象地把它们看作是本质上相同的代数系统,所不同的只是所用的符号不同. 并且,易知同构的逆仍是一个同构.

---

① 设 G 是群,若存在 $a \in G$ 使得 $G = \{a^k \mid k \in \mathbb{Z}^+\}$,则称 G 是循环群,记作 $G = (a)$,a 为 G 的生成元,若 a 的阶有限,则 G 为有限循环群,否则为无限循环群.

定理 6.18 设 f 是从代数系统 $\langle A, * \rangle$ 到代数系统 $\langle B, \circ \rangle$ 的同态映射,则

(1) 若 $\langle A, * \rangle$ 为半群,则 $\langle f(A), \circ \rangle$ 为半群

(2) 若 $\langle A, * \rangle$ 为独异点,则 $\langle f(A), \circ \rangle$ 为独异点

(3) 若 $\langle A, * \rangle$ 为群,则 $\langle f(A), \circ \rangle$ 为群.

证明 (1) 设 $\langle A, * \rangle$ 为半群,f 为同态映射,有 $f(A) \subseteq B$.

$\forall a, b, c \in f(A)$,必有 $x, y, z \in A$,使得

$$a = f(x)$$
$$b = f(y)$$
$$c = f(z)$$
$$a \circ b = f(x) \circ f(y)$$
$$= f(x * y) \in f(A)$$
$$(a \circ b) \circ c = f(x * y) \circ f(z)$$
$$= f((x * y) * z)$$
$$= f(x * (y * z))$$
$$= f(x) \circ f(y * z)$$
$$= f(x) \circ (f(y) \circ f(z))$$
$$= a \circ (b \circ c)$$

因此 $\langle f(A), \circ \rangle$ 为半群.

(2) 设 $\langle A, * \rangle$ 为独异点,e 是 A 中的单位元,

$$a \circ f(e) = f(x) \circ f(e) = f(x * e)$$
$$= f(e * x) = f(e) \cdot f(x)$$
$$= f(e) \circ a$$

所以 $f(e)$ 为 $f(A)$ 中的单位元,故 $\langle f(A), \circ \rangle$ 为独异点.

(3) 设 $\langle A, * \rangle$ 为群,$a = f(x) \in f(A)$,$x \in A$,则

$$x^{-1} \in A$$
$$f(x) \circ f(x^{-1}) = f(x * x^{-1})$$
$$= f(e)$$
$$= f(x^{-1}) \circ f(x),$$

所以 $(f(x))^{-1} = f(x^{-1})$,得 $\langle f(A), \circ \rangle$ 为群.

同态映射 f 将代数 $\langle A, * \rangle$ 中有关代数性质单向传递到代数 $\langle B, \circ \rangle$ 的子代数 $\langle f(A), \circ \rangle$ 中去.

定理 6.19 设 f 是由群 $\langle G, * \rangle$ 到群 $\langle G', \circ \rangle$ 的同态映射，e, e' 分别为 G, G' 的单位元，则

(1) $\langle f(G), \circ \rangle$ 为 $\langle G', \circ \rangle$ 的子群

(2) 记 $\mathrm{Ker} f = \{x \mid f(x) = e', x \in G\}$，则 $\langle \mathrm{Ker} f, * \rangle$ 为 $\langle G, * \rangle$ 的子群，并称之为同态映射 f 的同态核.

证明 (1) 易知 $f(G) \subseteq G'$，由定理 6.18 讨论知，$f(G) \leqslant G'$.

(2) $\forall x, y \in \mathrm{Ker} f$，有

$$f(x) = f(y)$$
$$= e'$$
$$f(x * y^{-1}) = f(x) \circ f(y^{-1})$$
$$= f(x) \circ (f(y))^{-1}$$
$$= e' \circ (e')^{-1}$$
$$= e' \circ e'$$
$$= e'$$

从而 $x * y^{-1} \in \mathrm{Ker} f$，得 $\mathrm{Ker} f \leqslant G$.

设 $\langle A, * \rangle$ 是一个代数系统，并设 R 是 A 上的一个等价关系. 如果当 $a_1 R a_2, b_1 R b_2$ 时，有 $a_1 b_1 R a_2 b_2$，则称 R 为 A 上关于 $*$ 的同余关系. 由这个同余关系将 A 划分成的等价类称为同余类.

定理 6.20 设 f 为代数 $\langle A, * \rangle$ 到 $\langle B, \circ \rangle$ 的一个同态映射，则 f 可诱导出 A 上的等价关系 $R_f, a R_f b \Leftrightarrow f(a) = f(b)$，且 R_f 为 A 上的一个同余关系.

证明 易证 R_f 为 A 上的等价关系.

$$\forall a, b, c, d \in A, \text{若 } aRb, cRd$$

有

$$f(a) = f(b)$$
$$f(c) = f(d)$$

从而

$$f(a * c) = f(a) \circ f(c)$$
$$= f(b) \circ f(d)$$

$$= f(b * d)$$

得

$$a * c R_f b * d$$

所以 R_f 为 A 上的同余关系.

例 6.37 整数集 $\mathbb{Z}$ 上的"模 k 同余"关系 $(k \in \mathbb{N})$ 关于加法运算为同余关系.

证明 首先,整数集 $\mathbb{Z}$ 上的"模 k 同余"关系是等价关系.

$$\forall a, b, c, d \in \mathbb{Z}$$

若

$$a \equiv b (\bmod k)$$

$$c \equiv d (\bmod k)$$

则 $a + c \equiv b + d (\bmod k)$.

所以"模 k 同余"关系关于加法运算为同余关系.

例 6.38 设 G 是群,$N \triangleleft G$. 令

$$g : G \rightarrow G/N$$

$$g(a) = aN$$

$$\forall a \in G$$

则 g 是 G 到 G/N 的同态.

证明 g 为 G 到 G/N 的映射,$\forall a, b \in G$,有

$$g(ab) = abN$$

$$= aNbN$$

$$= g(a)g(b)$$

所以 g 为 G 到 G/N 的同态,并称 g 为自然同态. 易见自然同态都是满同态.

定理 6.21 (同态基本定理)设 G 是群,$N \triangleleft G$,则 G/N 是 G 的同态像,反之,若 G' 是 G 在 φ 下的同态像,则 $G/\mathrm{Ker}\varphi \cong G'$.

证明 由例 6.38 知自然同态 g 是 G 到 G/N 的满同态. 反之,设 φ 是 G 到 G' 的满同态,$\mathrm{Ker}\varphi = K$. 对于任意的

$$aK \in G/\mathrm{Ker}\varphi$$

令

$$f(aK) = \varphi(a)$$

则 f 是 $G/\mathrm{Ker}\varphi$ 到 G' 的同构.

首先证明 f 是 $G/\mathrm{Ker}\varphi$ 到 G' 的单射.

若 $aK = bK \Leftrightarrow a^{-1}b \in K \Leftrightarrow \varphi(a^{-1}b)$
$$= e' \Leftrightarrow \varphi(a)^{-1}\varphi(b)$$
$$= e' \Leftrightarrow \varphi(a)$$
$$= \varphi(b) \Leftrightarrow f(aK) = f(bK)$$

其次,$\forall c \in G'$,由于 φ 是满同态,存在 $a \in G$ 使得 $\varphi(a) = c$. 于是
$$f(aK) = \varphi(a)$$
$$= c$$

即 f 是满射.

$\forall aK, bK \in G/\mathrm{Ker}\varphi$,有
$$f(aKbK) = f(abK)$$
$$= \varphi(ab)$$
$$= \varphi(a)\varphi(b)$$
$$= f(aK)f(bK)$$

所以 f 是 $G/\mathrm{Ker}\varphi$ 到 G' 的同构. 即
$$G/\mathrm{Ker}\varphi \cong G'$$

习题 6.7

1. 设 $f: R \to R, f(x) = a^x (a > 0, a \neq 1)$,则 f 为从 $\langle R, + \rangle$ 到 $\langle R, \times \rangle$ 的单同态.

2. 设 G 是群,$a \in G$,令 $f: G \to G, f(x) = axa^{-1}$,证明 f 是一个从 G 到 G 上的自同构.

3. 证明:循环群的同态像是循环群.

4. $\langle R - \{0\}, \times \rangle$ 与 $\langle R, + \rangle$ 同构吗?

5. 设 f 为从群 $\langle G_1, * \rangle$ 到 $\langle G_2, \circ \rangle$ 的同态映射,则 f 为单同态当且仅当 $\mathrm{Ker}f = \{e\}$,其中 e 是 G_1 的单位元.

6. 设 φ 是群 $\langle G_1, * \rangle$ 到 $\langle G_2, \circ \rangle$ 的同构,证明 φ^{-1} 是 G_2 到 G_1 的同构.

6.8 环 与 域

前几节,我们初步研究了具有一个二元运算的代数系统,即半群、独异点、群.接着,我们的研究方向是讨论具有两个二元运算的代数系统 $\langle R, *, \circ \rangle$, $*$, $\circ$ 为 R 上的两个二元运算. 如

$$\langle R, +, \times \rangle, \langle Z_n, +_n, \times_n \rangle, \langle P(S), \bigcup, \bigcap \rangle$$

皆属于讨论范围.

定义 6.24 设 $\langle R, *, \circ \rangle$ 是代数系统,$*$ 和 $\circ$ 是二元运算. 如果满足以下条件:

(1) $\langle R, * \rangle$ 构成 Abel 群.

(2) $\langle R, \circ \rangle$ 是半群.

(3) $\circ$ 运算关于 $*$ 运算适合分配律.

则称 $\langle R, *, \circ \rangle$ 是一个环.

一般可以认为 $*$ 运算为"加法",$\circ$ 运算为"乘法".

例 6.39 (1) 整数集、有理数集、实数集和复数集关于普通的加法和乘法构成环,分别称为整数环 $\mathbb{Z}$,有理数环 $\mathbb{Q}$,实数环 $\mathbb{R}$ 和复数环 $\mathbb{C}$.

(2) $n(n \geqslant 2)$ 阶实矩阵的集合 $M_n(\mathbb{R})$ 关于矩阵的加法和乘法构成环,称为 n 阶实矩阵环.

(3) 实系数多项式的集合 $\mathbb{R}[x]$ 关于多项式的加法和乘法构成环,称为多项式环.

(4) 设 $\mathbb{Z}_n = \{0, 1, \cdots, n-1\}$,$+_n$ 和 $\times_n$ 分别表示模 n 的加法和乘法,则 $\langle \mathbb{Z}_n, +_n, \times_n \rangle$ 构成环,称为模 n 的整数环(或称为模 n 的剩余类环).

(5) 设 $\mathbb{Z}[i] = \{a + bi \mid a, b \in \mathbb{Z}, i^2 = -1\}$,$\mathbb{Z}[i]$ 关于普通的加法和乘法构成环,称为高斯整环.

例 6.40 $\langle \mathbb{Q}(\sqrt{2}), +, \times \rangle$ 是环,其中 $\mathbb{Q}(\sqrt{2}) = \{a + b\sqrt{2} \mid a, b \in \mathbb{Q}\}$

定理 6.22 设 $\langle R, +, \times \rangle$ 是环,则

(1) $\forall a \in R, a\theta = \theta a = \theta, \theta$ 为加法单位元.

(2) $\forall a, b \in R$ $(-a)b = a(-b) = -ab, (-a)(-b) = ab$.

(3) $\forall a, b, c \in R$ $a(b-c) = ab - ac, (b-c)a = ba - ca$.

其中$-a$是a的加法逆元,并将$a+(-b)$记作$a-b$.

证明　只证(1),(2).(3),(4)留作练习.

(1) $\forall a \in R$ 有

$$a\theta = a(\theta+\theta)$$
$$= a\theta + a\theta$$

由环中加法的消去律得$a\theta=\theta$.同理可证$\theta a=\theta$.

(2) $\forall a,b \in R$ 有

$$ab + a(-b) = a(b+(-b))$$
$$= a\theta = \theta$$

因此$a(-b)$是ab的负元,即

$$a(-b) = -ab$$

同理可证

$$(-a)b = -ab$$
$$(-a)(-b) = ab$$

在环R中元素间一般可作的运算为$+$,$-$,$\times$三种,其中减法运算为加法运算的逆运算.

有一些特殊的环.

定义 6.25　设$\langle R,+,\times \rangle$是环,

(1) 若环中乘法$\times$适合交换律,则称R是交换环.

(2) 若环中存在乘法$\times$的单位元,则称R是含幺环.

(3) 若$\forall a,b \in R$,$ab=\theta \Rightarrow a=\theta$或$b=\theta$,则称$R$是无零因子环.

(4) 若R既是交换环、含幺环,也是无零因子环,则称R是整环.

例 6.41　$\langle \mathbb{Z},+,\times \rangle$是整环.

证明　$\langle \mathbb{Z},+,\times \rangle$是环,$\langle \mathbb{Z},\times \rangle$是独异点且可交换,$\forall m,n \in \mathbb{Z}$,若$m \neq 0,n \neq 0$,则$mn \neq 0$,故$\langle \mathbb{Z},+,\times \rangle$是整环.

例 6.42　$\langle \mathbb{Z}_6,+_6,\times_6 \rangle$不是整环.

证明　$[0]$为$\langle \mathbb{Z}_6,+_6 \rangle$的单位元,

而

$$[2] \neq [0]$$
$$[3] \neq [0]$$

但 $[2] \times_6 [3] = [0]$.

一般地有：$\langle \mathbb{Z}_n, +_n, \times_n \rangle$ 是整环当且仅当 n 是素数.

定理 6.23　设 R 是环，R 是无零因子环当且仅当 R 中的乘法适合消去律. 即 $\forall a, b, c \in R, a \neq \theta$，有

$$ab = ac \Rightarrow b = c$$
$$ba = ca \Rightarrow b = c$$

证明　充分性. $\forall a, b \in R, ab = 0$ 且 $a \neq \theta$. 则由

$$ab = \theta$$
$$= a\theta$$

和消去律得 $b = \theta$. 从而 R 是无零因子环.

必要性. $\forall a, b, c \in R, a \neq \theta$，由 $ab = ac$ 得

$$a(b - c) = \theta$$

由于 R 是无零因子环，$a \neq \theta$，必有 $b - c = \theta$，即 $b = c$. 从而左消去律成立. 同理可证右消去律也成立.

定义 6.26　设 R 是整环，且 R 中至少含有两个元素. 若

$$\forall a \in R^* = R - \{\theta\}$$

都有 $a^{-1} \in R$，则称 R 是域. 可记作域 $\langle F, +, \times \rangle$.

例如有理数集 $\mathbb{Q}$，实数集 $\mathbb{R}$，复数集 $\mathbb{C}$ 关于普通的加法和乘法都构成域，分别称为有理数域，实数域和复数域.

例 6.43　$\langle \mathbb{Q}(\sqrt{2}), +, \times \rangle$ 是域.

证明　$\langle \mathbb{Q}(\sqrt{2}), +, \times \rangle$ 是整环，$\forall a + b\sqrt{2} \neq 0$，存在 $c + d\sqrt{2} \in \mathbb{Q}(\sqrt{2})$，其中

$$c = \frac{a}{a^2 - 2b^2}$$

$$d = \frac{b}{a^2 - 2b^2}$$

$$c, d \in \mathbb{Q}$$

使得

$$(a + b\sqrt{2})(c + d\sqrt{2}) = 1$$

因此 $\langle \mathbb{Q}(\sqrt{2}), +, \times \rangle$ 是域.

域中至少含有加法单位元 θ，乘法单位元 1. 最小的域即为由这两个

元素所组成的. 域中的运算可以为 $+,-,\times,/$ 四则运算,其中 $-$ 运算为 $+$ 运算的逆运算. $/$ 运算为 $\times$ 运算的逆运算

$$a-b=a+(-b)$$

$$a/b=a\times b^{-1}$$

例 6.44　$\langle \mathbb{Q}(\sqrt{2}),+,\times \rangle$ 既是整环,又是域;$\langle \mathbb{Z},+,\times \rangle$ 是整环,但不是域.

定义 6.27　设 R 是环,S 是 R 的非空子集. 若 S 关于环 R 的加法和乘法也构成一个环,则称 S 为 R 的子环. 若 S 是 R 的子环,且 $S \subset R$,则称 S 是 R 的真子环.

例 6.44　$\langle \mathbb{Q}(\sqrt{2}),+,\times \rangle$ 是实数环 $\langle \mathbb{R},+,\times \rangle$ 的真子环.

根据子群的判定定理可以直接得到子环的判定定理.

定理 6.24　(子环判定定理)

设 R 是环,S 是 R 的非空子集,若

(1) $\forall a,b \in S, a-b \in S$

(2) $\forall a,b \in S, ab \in S$

则 S 是 R 的子环.

证明　由(1)知 S 关于环 R 中的加法构成群. 由(2)知 S 关于环 R 中的乘法构成半群. 在 S 中关于环 R 中的加法交换律以及乘法对加法的分配律是成立的. 因此 S 是 R 的子环.

例 6.45　整数环 $\langle \mathbb{Z},+,\times \rangle$,$\forall m \in \mathbb{Z}, m\mathbb{Z}=\{mz \mid z \in \mathbb{Z}\}$ 是 $\mathbb{Z}$ 的非空子集,且

$$\forall mk_1, mk_2 \in m\mathbb{Z}$$

有
$$mk_1 - mk_2 = m(k_1-k_2) \in m\mathbb{Z}$$

$$mk_1 \cdot mk_2 = m(k_1 k_2) \in m\mathbb{Z}$$

由子环判定定理,$m\mathbb{Z}$ 是整数环的子环.

习题 6.8

1. 试证:$\langle \mathbb{Z}, *, \circ \rangle$ 是有单位元的交换环,其中运算 $*,\circ$ 分别定义为 $\forall a,b \in \mathbb{Z}, a*b=a+b-1, a\circ b=a+b-ab$.

2. 设 $\langle R,+,* \rangle$ 是一个环,试证:$\forall a,b \in R$,则

$$(a+b)^2 = a^2 + a*b + b*a + b^2$$

其中:$x^2 = x*x$.

3. 设 $\langle R, +, \times \rangle$ 是一个环,并且对于 $\forall a \in R$ 都有 $a \times a = a$,证明:

(1) $\forall a \in R$,都有 $a + a = \theta$,其中 θ 是加法单位元.

(2) $\langle R, +, \times \rangle$ 是可交换环.

4. 判断下列集合和给定运算是否构成整环和域,如果不能构成,说明理由.

(1) $A = \{x \mid x = 2n, n \in \mathbb{Z}\}$,运算为实数的加法和乘法.

(2) $A = \{a + b\sqrt{3} \mid a, b \in \mathbb{R}\}$,运算为实数的加法和乘法.

5. 设 a 和 b 是含么环 R 中的两个可逆元,证明:

(1) $-a$ 也是可逆元,且 $(-a)^{-1} = -a^{-1}$.

(2) ab 也是可逆元,且 $(ab)^{-1} = b^{-1}a^{-1}$.

6. 设 $\langle R, +, \times \rangle$ 是一个环,R 的一个子集 S 定义如下:

$$S = \{a \mid a^{-1} \in R\}$$

证明:

$\langle S, \times \rangle$ 是群.

7. 在域 $\mathbb{Z}_5$ 中解方程组:

$$\begin{cases} x + 2z = 1 \\ y + 2z = 2 \\ 2x + y = 1 \end{cases}$$

8. 构造一个三元域.

第 7 章　格与布尔代数

本章将介绍另一类代数系统——格. 它不仅是代数学的一个分支, 而且在近代解析几何、半序空间等方面也都有重要的作用. 我们只介绍格的一些基本知识以及几个具有特别性质的格——分配格、有补格、布尔代数.

另外说明一点, 在本章中出现的 $\wedge$ 和 $\vee$ 的符号不再代表逻辑上的合取和析取, 而是格中的运算符.

7.1　格 的 概 念

在第 4 章中, 我们学习了偏序集, 即序偶 $\langle A, \leqslant \rangle$. A 的任一子集未必存在上、下确界. 如在图 7-1 所示的偏序集中, $\{a, b\}$ 的上确界是 c, 没有下确界; 而 $\{e, f\}$ 的下确界是 d, 没有上确界.

下面给出格作为偏序集的第一个定义.

定义 7.1　设 $\langle A, \leqslant \rangle$ 是偏序集, 如果 $\forall x, y \in A, \{x, y\}$ 都有上确界和下确界, 则称 A 关于偏序 $\leqslant$ 作成一个格.

例 7.1　设 n 是正整数, S_n 是 n 的正因子的集合. D 为整除关系, 则偏序集 $\langle S_n, D \rangle$ 构成格. $\forall x, y \in S_n, \{x, y\}$ 的上确界是 $\mathrm{lcm}(x, y)$, 即 x 与 y 的最小公倍数; $\{x, y\}$ 的下确界是 $gcd(x, y)$, 即 x 与 y 的最大公约数. 图 7-2 给出了格 $\langle S_{15}, D \rangle, \langle S_{18}, D \rangle$ 和 $\langle S_{30}, D \rangle$.

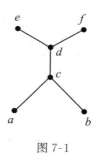

图 7-1

设 $\langle L, \leqslant \rangle$ 是格, 在 L 上定义两个二元运算, 使 $\forall a, b \in L, a \vee b$ 为 a, b 的上确界, $a \wedge b$ 为 a, b 的下确界. 则称 $\langle L, \wedge, \vee \rangle$ 为由格 $\langle L, \leqslant \rangle$ 所诱导的代数系统. 二元运算分别称为交运算和并运算.

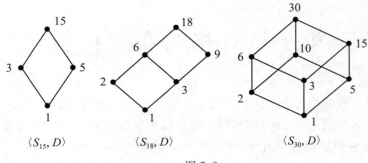

$\langle S_{15}, D \rangle$ $\langle S_{18}, D \rangle$ $\langle S_{30}, D \rangle$

图 7-2

例 7.2 设 $\langle L, \leqslant \rangle$ 是格,则 $\langle L, \geqslant \rangle$ 也是一个格,$\geqslant$ 为偏序关系 $\leqslant$ 的逆关系.

定义 7.2 设 f 是含有格中元素以及符号 $=,\leqslant,\geqslant,\wedge$ 和 $\vee$ 的命题. 令 f^* 是将 f 中的 $\leqslant$ 替换成 $\geqslant$,$\geqslant$ 替换成 $\leqslant$,$\wedge$ 替换成 $\vee$,$\vee$ 替换成 $\wedge$ 所得到的命题. 称 f^* 为 f 的对偶命题.

定理 7.1 (格的对偶原理)

设 f 是含有格中元素以及符号 $=,\leqslant,\geqslant,\wedge$ 和 $\vee$ 的命题. 若 f 对一切格为真,则 f 的对偶命题 f^* 也对一切格为真.

定理 7.2 设 $\langle L, \leqslant \rangle$ 是格,$\forall a, b \in L$,都有 $a \leqslant a \vee b, b \leqslant a \vee b, a \wedge b \leqslant a, a \wedge b \leqslant b$.

证明 因 $a \vee b$ 为 a 和 b 的一个上界,所以 $a \leqslant a \vee b, b \leqslant a \vee b$.

又因 $a \wedge b$ 为 a 和 b 的一个下界,所以 $a \wedge b \leqslant a, a \wedge b \leqslant b$.

定理 7.3 设 $\langle L, \leqslant \rangle$ 是格,$\forall a, b, c, d \in L$,若 $a \leqslant b, c \leqslant d$,则 $a \vee c \leqslant b \vee d, a \wedge c \leqslant b \wedge d$.

证明 因 $a \leqslant b, b \leqslant b \vee d$,故 $a \leqslant b \vee d$;由 $c \leqslant d, d \leqslant b \vee d$,得 $c \leqslant b \vee d$. 而 $a \vee c$ 为 a 和 c 的上确界,$b \vee d$ 为 a 和 c 的一个上界,故 $a \vee c \leqslant b \vee d$.

同理可证 $a \wedge c \leqslant b \wedge d$.

定理 7.4 设 $\langle L, \leqslant \rangle$ 是格,$\forall a, b, c \in L$,若 $b \leqslant c$,则 $a \vee b \leqslant a \vee c, a \wedge b \leqslant a \wedge c$.

证明 因 $a \leqslant a \vee c, b \leqslant c, c \leqslant a \vee c$,故 $b \leqslant a \vee c$,从而 $a \vee b \leqslant a \vee c$.

同理可证 $a \wedge b \leqslant a \wedge c$.

定理 7.5　设 $\langle L, \leqslant \rangle$ 是格,则运算 $\wedge$ 和 $\vee$ 适合交换律、结合律、幂等律和吸收律,即

(1) $\forall a, b \in L$ 有

$$a \vee b = b \vee a$$
$$a \wedge b = b \wedge a$$

(2) $\forall a, b, c \in L$ 有

$$(a \vee b) \vee c = a \vee (b \vee c)$$
$$(a \wedge b) \wedge c = a \wedge (b \wedge c)$$

(3) $\forall a \in L$ 有

$$a \vee a = a$$
$$a \wedge a = a$$

(4) $\forall a, b \in L$ 有

$$a \vee (a \wedge b) = a$$
$$a \wedge (a \vee b) = a$$

由格的对偶原理知,在证明以上格的性质时,只须证明其中的一个命题就可以了. 只证明(2)和(4),(1)和(3)的证明留作练习.

证明　(2)

由上确界定义知

$$a \leqslant a \vee b \leqslant (a \vee b) \vee c$$
$$b \leqslant a \vee b \leqslant (a \vee b) \vee c$$
$$c \leqslant (a \vee b) \vee c$$

从而 $b \vee c \leqslant (a \vee b) \vee c$,并由此可得

$$a \vee (b \vee c) \leqslant (a \vee b) \vee c$$

同理可证 $(a \vee b) \vee c \leqslant a \vee (b \vee c)$

根据偏序关系的反对称性有

$$(a \vee b) \vee c = a \vee (b \vee c)$$

由对偶原理,$(a \wedge b) \wedge c = a \wedge (b \wedge c)$ 成立.

(4) 易知 $a \leqslant a, a \wedge b \leqslant a$,得 $a \vee (a \wedge b) \leqslant a$,又 $a \leqslant a \vee (a \wedge b)$.

从而 $a \vee (a \wedge b) = a$

根据对偶原理,$a \wedge (a \vee b) = a$ 成立.

我们说格为特殊的偏序集,体现在以下几个定理中.

定理 7.6 设 $\langle L, \vee, \wedge \rangle$ 是具有两个二元运算的代数系统,且对于 $\wedge$ 和 $\vee$ 运算满足交换律、结合律、吸收律,则必满足幂等律.

证明 $\forall a \in L$,由吸收律得

$$a \vee a = a \vee (a \wedge (a \vee a))$$
$$= a$$

同理有

$$a \wedge a = a$$

定理 7.7 设 $\langle L, \wedge, \vee \rangle$ 是代数系统,其中 $\vee, \wedge$ 为二元运算且满足交换律、结合律、吸收律,则在 L 上存在偏序关系 $\leqslant$,使得 $\langle L, \leqslant \rangle$ 构成一个格.

证明 设在 L 上定义二元关系 $\leqslant$ 为:

$\forall a, b \in L, a \leqslant b \Leftrightarrow a \wedge b = a$,则 $\leqslant$ 为 L 上的偏序关系.

由幂等性知,$\forall a \in L, a \wedge a = a$ 即 $a \leqslant a$;

$\forall a, b \in L$ 有 $a \leqslant b$

且

$$b \leqslant a \Leftrightarrow a \wedge b = a$$
$$b \wedge a = b$$
$$\Rightarrow a = a \wedge b = b \wedge a$$
$$= b$$

$\forall a, b, c \in L$ 有 $a \leqslant b$

且

$$b \leqslant c \Leftrightarrow a \wedge b = a$$
$$b \wedge c = b$$
$$\Rightarrow a \wedge c = (a \wedge b) \wedge c$$
$$= a \wedge (b \wedge c)$$
$$= a \wedge b$$
$$= a$$
$$\Rightarrow a \leqslant c$$

综上所述,≤是 L 上的偏序关系. 下证 $a \wedge b$ 为 a,b 的下确界.
$\forall a,b \in L$ 有

$$(a \wedge b) \wedge a = (a \wedge a) \wedge b$$
$$= a \wedge b$$
$$(a \wedge b) \wedge b = a \wedge (b \wedge b)$$
$$= a \wedge b$$
$$\Rightarrow a \wedge b \leqslant a$$
$$a \wedge b \leqslant b$$

假设 c 为 a,b 的任一下界,即 $c \leqslant a, c \leqslant b$.
有 $c \wedge a = c$ 且 $c \wedge b = c$.
而

$$c \wedge (a \wedge b) = (c \wedge a) \wedge b$$
$$= c \wedge b$$
$$= c$$
$$\Rightarrow c \leqslant a \wedge b$$

从而 $a \wedge b$ 为 a,b 的下确界.

由 $a \wedge b = a$,得 $(a \wedge b) \vee b = a \vee b$,即得 $b = a \vee b$,反之由 $a \vee b = b$,可得 $a \wedge (a \vee b) = a \wedge b$,即得 $a = a \wedge b$.

因此

$$a \wedge b = a \Leftrightarrow a \vee b = b$$

类似地可证明,$a \vee b$ 是 a 和 b 的上确界.

综上所述,$\langle L, \leqslant \rangle$ 是一个格.

格为一类特殊形式的代数,即集合附加两个二元运算且对这两种运算满足交换律、结合律、吸收律、幂等律. 同时还对应于一个偏序集. 偏序关系为:$a \leqslant b \Leftrightarrow a \vee b = b(a \wedge b = a)$.

例 7.3 设 L 是格,证明 $\forall a,b,c \in L$ 有

$$a \vee (b \wedge c) \leqslant (a \vee b) \wedge (a \vee c)$$
$$(a \wedge b) \vee (a \wedge c) \leqslant a \wedge (b \vee c)$$

证明 由 $a \leqslant a, b \wedge c \leqslant b$ 得

$$a \vee (b \wedge c) \leqslant a \vee b$$

由 $a \leqslant a, b \wedge c \leqslant c$ 得

$$a \bigvee (b \bigwedge c) \leqslant a \bigvee c$$

从而

$$a \bigvee (b \bigwedge c) \leqslant (a \bigvee b) \bigwedge (a \bigvee c)$$

该例说明在格中分配不等式成立. 一般说来,格中的 $\bigvee$ 和 $\bigwedge$ 运算并不是互相满足分配律的.

例 7.4 设 L 是一个格,$\forall a,b,c \in L$,若 $a \leqslant b, a \leqslant c$,则 $a \leqslant b \bigwedge c$.

证明 由 $a \leqslant b, a \leqslant c$ 得

$$a \bigwedge a \leqslant b \bigwedge c$$

从而

$$a \leqslant b \bigwedge c$$

习题 7.1

1. 图 7-3 中给出六个偏序集的哈斯图. 判断其中哪些是格. 如果不是格,说明理由.

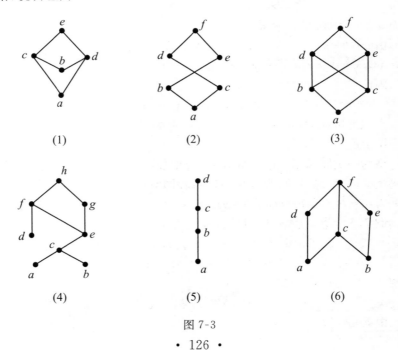

图 7-3

2. 下列各集合对于整除关系都构成偏序集,判断哪些偏序集是格.

(1) $L=\{1,2,3,4,5,6\}$

(2) $L=\{1,2,3,4,6,9,12,18,36\}$

(3) $L=\{1,2,3,6,9,18\}$

3. 设 L 是格,$a,b,c \in L$,且 $a \leqslant b \leqslant c$,证明 $a \vee b = b \wedge c$

4. 设 $\langle L, \leqslant \rangle$ 是格,$\forall a,b,c \in L$,若 $a \leqslant b \leqslant c$,则

$$(a \wedge b) \vee (b \wedge c) = (a \vee b) \wedge (a \vee c)$$

7.2 分配格与有补格

本节讨论一些特殊的格——分配格与有补格.

一般说来,格中运算 $\vee$ 对 $\wedge$,$\wedge$ 对 $\vee$ 满足分配不等式,即 $\forall a,b,c \in L$,有

$$a \vee (b \wedge c) \leqslant (a \vee b) \wedge (a \vee c)$$
$$(a \wedge b) \vee (a \wedge c) \leqslant a \wedge (b \vee c)$$

定义 7.3 设 $\langle L, \vee, \wedge \rangle$ 是格,若 $\forall a,b,c \in L$,有

$$a \wedge (b \vee c) = (a \wedge b) \vee (a \wedge c)$$
$$a \vee (b \wedge c) = (a \vee b) \wedge (a \vee c)$$

则称 L 为分配格.

由格的对偶原理可知,定义 7.3 中等式,只须证明其中的任何一个等式成立即可.

例 7.5 $\langle P(S), \subseteq \rangle$ 是格,$S=\{a,b,c\}$,则 $\langle P(S), \bigcup, \bigcap \rangle$ 为由 $\langle P(S), \subseteq \rangle$ 诱导的代数系统且 $\langle P(S), \subseteq \rangle$ 是分配格.

证明 $\forall p,q,r \in P(S)$,有

$$p \bigcup (q \bigcap r) = (p \bigcup q) \bigcap (p \bigcup r)$$

例 7.6 参见图 7-4

L_1 和 L_2 都是分配格,L_3 和 L_4 均不是分配格. 在 L_3 中

$$b \wedge (c \vee d) = b \wedge e$$
$$= b$$

$$(b \wedge c) \vee (b \wedge d) = a \vee a$$
$$= a$$

在 L_4 中

$$c \vee (b \wedge d) = c \vee a$$
$$= c$$
$$(c \vee b) \wedge (c \vee d) = e \wedge d$$
$$= d$$

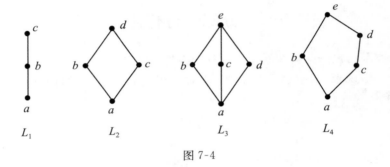

图 7-4

定理 7.8 每个链是分配格.

证明 设 $\langle L, \leqslant \rangle$ 是链,则 $\langle L, \leqslant \rangle$ 为格.

$\forall a, b, c \in L$,只要讨论(1) $a \leqslant b$ 或 $a \leqslant c$;(2) $b \leqslant a$ 且 $c \leqslant a$ 两种情形.

(1) 无论 $b \leqslant c$ 还是 $c \leqslant b$,皆有 $a \wedge (b \vee c) = a$ 和 $(a \wedge b) \vee (a \wedge c) = a$.

(2) 总有 $b \vee c \leqslant a$,得 $a \wedge (b \vee c) = b \vee c$. 但 $b \leqslant a$ 且 $c \leqslant a$ 故

$$(a \wedge b) \vee (a \wedge c) = b \vee c$$

从而 $\langle L, \leqslant \rangle$ 是一个分配格.

定理 7.9 设 $\langle L, \leqslant \rangle$ 是一个分配格,那么 $\forall a, b, c \in L$,若 $a \wedge b = a \wedge c$ 且 $a \vee b = a \vee c$,则 $b = c$.

证明
$$b = b \vee (a \wedge b)$$
$$= b \vee (a \wedge c)$$
$$= (b \vee a) \wedge (b \vee c)$$
$$= (a \vee c) \wedge (b \vee c)$$
$$= (a \wedge b) \vee c$$

$$= (a \wedge c) \vee c$$
$$= c$$

定义 7.4　设 $\langle L, \leqslant \rangle$ 是格，$\forall a, b, c \in L$，当 $c \leqslant a$ 时，有
$$a \wedge (b \vee c) = (a \wedge b) \vee c,$$
则称 $\langle L, \leqslant \rangle$ 为模格.

定理 7.10　分配格是模格.

格可分为模格和非模格；模格又可分为分配格和非分配格. 在例 7.6 中 L_3 为模格，而 L_4 不是模格.

为了研究有补格，先引入有界格的概念.

定义 7.5　设 L 是格，若存在 $a \in L$ 使得 $\forall x \in L$ 有 $a \leqslant x$，则称 a 为 L 的全下界，若存在 $b \in L$ 使得 $\forall x \in L$ 有 $x \leqslant b$，则称 b 为 L 的全上界.

可以证明，格 L 若存在全下界或全上界，一定是惟一的. 故一般将格 L 的全下界记为 0，全上界记为 1.

定义 7.6　设 L 是格，若 L 存在全下界和全上界，则称 L 为有界格，并将 L 记为 $\langle L, \vee, \wedge, 0, 1 \rangle$.

定理 7.11　任何有限格 L 都是有界格.

证明　设 $L = \{a_1, a_2, \cdots, a_n\}$，取 $a = \bigwedge\limits_{i=1}^{n} a_i, b = \bigvee\limits_{i=1}^{n} a_i$，则 a 与 b 分别为格 L 的全下与上界.

对于无限格而言，有的是有界格，有的不是有界格. 如
$$\langle P(S), \bigcup, \bigcap \rangle$$
不论 S 是有限集还是无限集，它都是有界格. $\langle [3, 6], \leqslant \rangle$ 是有界格，但 $\langle \mathbb{Z}, \leqslant \rangle$ 不是有界格.

定理 7.12　设 $\langle L, \vee, \wedge, 0, 1 \rangle$ 是有界格，则 $\forall a \in L$ 有
$$a \wedge 0 = 0$$
$$a \vee 0 = a$$
$$a \wedge 1 = a$$
$$a \vee 1 = 1$$

作为有界格 $\langle L, \leqslant \rangle$ 诱导的代数系统 $\langle L, \vee, \wedge \rangle$，0 为运算 $\vee$ 的单位元，运算 $\wedge$ 的零元；1 为运算 $\wedge$ 的单位元，运算 $\vee$ 的零元.

下面定义有界格中的补元和有补格.

定义 7.5 设 $\langle L, \vee, \wedge, 0, 1\rangle$ 是有界格, $a \in L$, 若存在 $b \in L$ 使得

$$a \wedge b = 0 \text{ 和 } a \vee b = 1$$

成立, 则称 b 是 a 的补元.

由该定义不难看出, 若 b 是 a 的补元, 那么 a 也是 b 的补元. 即 a 和 b 互为补元.

例 7.7 考虑图 7-4 中的四个格.

L_1 中的 a 与 c 互为补元, b 没有补元.

L_2 中的 a 为全下界, d 为全上界, 且 a 与 d 互为补元, b 与 c 互为补元.

L_3 中的 a 为全下界, e 为全上界且 a 与 e 互为补元, b 的补元是 c 和 d, c 的补元是 b 和 d, d 的补元是 b 和 c.

L_4 中的 a 为全下界, e 为全上界且 a 与 e 互为补元, b 的补元是 c 和 d, c 的补元是 b, d 的补元是 b.

例 7.8 考虑图 7-5 中的两个格

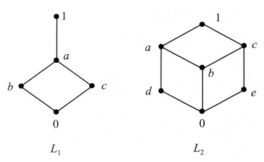

图 7-5

L_1 中 a, b, c 皆无补元. 0 与 1 互为补元.

L_2 中 a 的补元是 e, b 无补元, c 的补元是 d, d 的补元是 c, e 的补元是 a, 0 与 1 互为补元.

在任何有界格中, 0 与 1 总是互为补元, 而对其他的元素, 可能存在补元, 也可能不存在补元. 即使存在补元, 可能是惟一的, 也可能是多个补元. 但对于有界分配格而言, 如果它的元素存在补元, 则一定是惟

一的.

定理 7.13 设 $\langle L, \vee, \wedge, 0, 1 \rangle$ 是有界分配格. 若 $a \in L$, 且对于 a 存在补元 b, 则 b 是 a 的惟一的补元.

证明 设 $c \in L$ 也是 a 的补元, 则有

$$a \wedge b = 0$$
$$a \vee b = 1$$
$$a \wedge c = 0$$
$$a \vee c = 1$$

从而

$$a \wedge b = a \wedge c$$
$$a \vee b = a \vee c$$

由于 L 是分配格, 根据定理 7.9 得 $b = c$.

定义 7.6 设 $\langle L, \vee, \wedge, 0, 1 \rangle$ 是有界格, 若 $\forall a \in L$, 则在 L 中都有 a 的补元存在, 则称 L 是有补格.

习题 7.2

1. 试举出两个含有 6 个元素的格, 其中一个是分配格, 另一个不是分配格.

2. 证明: 格 $\langle \mathbb{Z}, \max, \min \rangle$ 是分配格.

3. 试举例说明, 模格不一定是分配格.

4. 说明图 7-3 中的每个格是否为分配格、有补格, 并说明理由.

5. 设 n 是正整数, D_n 表示 n 的所有正因子, D 为 D_n 上的整除关系, 则 $\langle D_n, D \rangle$ 是格, 设 $n = 75$, 试指出格中各元素的补元, 若不存在, 则指明不存在.

6. 找出 $\langle D_{42}, D \rangle$ 中每一元素的补元.

7. 试证明: 具有三个或更多元素的链不是有补格.

8. 证明: $\langle D_{12}, D \rangle$ 是分配格.

7.3 布尔代数

定义 7.7 如果一个格是有补分配格,则称它为布尔代数或布尔格.

对于布尔格 $\langle B, \leqslant \rangle$, $\forall a \in B$, a 的补元是惟一的,已记为 a'. 可以把求补元的运算看作是布尔代数中的一元运算. 并将布尔代数标记为 $\langle B, \vee, \wedge, ', 0, 1 \rangle$.

例 7.9 设 S 是一个非空有限集合,$\langle P(S), \subseteq \rangle$ 是一个格,它诱导出布尔代数 $\langle B, \bigcup, \bigcap, ', \varnothing, S \rangle$.

证明 $P(S)$ 关于 $\bigcup$ 和 $\bigcap$ 构成格,$\bigcup$ 和 $\bigcap$ 运算又满足交换律,结合律和吸收律,且 $\bigcup$ 和 $\bigcap$ 运算互相可分配,故 $P(S)$ 是分配格,且 $\varnothing$ 为其全下界,S 本身为其全上界. 若取 S 为全集,则对任何 $x \in P(S)$, x 的绝对补即为 x 的补元. 从而证明了 $P(S)$ 为布尔代数.

注:例 7.9 中的给定集合 S 可以是无限集合.

关于布尔代数有如下性质.

定理 7.14 设 $\langle B, \bigcup, \bigcap, ', 0, 1 \rangle$ 是布尔代数,则

(1) $\forall a \in B, (a')' = a$

(2) $\forall a, b \in B$, $(a \wedge b)' = a' \vee b'$, $(a \vee b)' = a' \wedge b'$.

证明 a 的补元 a' 应满足 $a' \wedge a = 0$, $a' \vee a = 1$, 故 a' 的补元为 a, 即 $(a')' = a$.

由于 $(a \vee b) \wedge (a' \wedge b') = 0$ 及 $(a \vee b) \vee (a' \wedge b') = 1$,

知 $(a \vee b)' = a' \wedge b'$.

由于 $(a \wedge b) \wedge (a' \vee b') = 0$ 及 $(a \wedge b) \vee (a' \vee b') = 1$,

知 $(a \wedge b)' = a' \vee b'$.

注:定理 7.14 中的(1)称为双重否定律,(2)称为德·摩根律. 而德·摩根律对有限个元素也是正确的.

具有有限个元素的布尔代数称为有限布尔代数,设 $S = \{a_1, a_2, \cdots, a_n\}$, $\langle P(S), \subseteq \rangle$ 是具有 2^n 个元素的布尔代数. 而任何有限布尔代数的结构如何? 下面我们将继续研究.

定义 7.8 设 $\langle A, \vee, \wedge, ', 0, 1 \rangle$ 和 $\langle B, \vee, \wedge, ', 0, 1 \rangle$ 是两个布尔代

数,若存在从 A 到 B 的双射 f,对于任意的 $a,b \in A$ 有

$$f(a \vee b) = f(a) \vee f(b)$$
$$f(a \wedge b) = f(a) \wedge f(b)$$
$$f(a') = (f(a))'$$

则称 f 是布尔代数 A 到 B 的同构映射,A 与 B 同构.

定义 7.9 设 L 是格,0 为 L 的全下界,$a \in L$,若 $\forall b \in L$ 有

$$0 < b \leqslant a \Rightarrow b = a$$

则称 a 是 L 中的原子.

考虑图 7-2 中的三个格,$\langle S_{15}, D \rangle$ 中的原子是 3 和 5,$\langle S_{18}, D \rangle$ 的原子是 2 和 3,$\langle S_{30}, D \rangle$ 的原子是 2,3 和 5.

定理 7.15 元素 a 是布尔代数 B 的原子当且仅当 $a \neq 0$ 时,对任意元素 $x \in B$,有 $x \wedge a = a$ 或 $x \wedge a = 0$.

证明 必要性

因 $x \wedge a \leqslant a$,a 又是原子,故 $x \wedge a = a$ 或 $x \wedge a = 0$

充分性

若 $a \neq 0$ 不是原子,则存在一个元素 $b \in B$ 使 $0 < b < a$,于是 $b \wedge a = b$,矛盾. 因而 a 是原子.

推论 a 是布尔代数 B 的原子,x 是 B 的任意元素,则或者 $a \leqslant x$,或者 $a \leqslant x'$,但不能同时成立.

证明 由于 $x \wedge a = a \Leftrightarrow a \leqslant x$,$x \wedge a = 0 \Leftrightarrow a \leqslant x'$. 由定理 7.14,若 a 是原子,x 是 B 的任意元素,则有 $a \leqslant x$ 或 $a \leqslant x'$.

若两者同时成立,则 $a \leqslant x \wedge x' = 0$,这与 $a > 0$ 矛盾.

原子将 B 中的元素分成两类,第一类是与自己可比较的(包括自身),它小于等于这一类中的任一元素. 第二类是与自己不可比较的,或是 0,或它小于等于这一类中任一元素的补元.

定理 7.16 设 B 是有限布尔代数,则对于每一个非零元素 $x \in B$,至少存在一个原子 a:使 $x \wedge a = a$.

证明 若 x 是原子,$x \wedge x = x$,则 x 就是所求的原子.

若 x 不是原子,因 $x \geqslant 0$,所以从 x 下降到 0 有一条路径,而 B 是有限的,即有一条有限路径:

$$x \geqslant a_1 \geqslant a_2 \geqslant \cdots \geqslant a_k \geqslant 0$$

则 a_k 满足

$$x \wedge a_k = a_k.$$

故 a_k 就是所求的原子 a.

定理 7.17 设 $\langle B, \vee, \wedge, ', 0, 1 \rangle$ 是布尔代数,$a, b \in B$ 是 B 中的两个原子. 若 $a \wedge b \neq 0$,则 $a = b$.

证明 由于 $a \wedge b \neq 0$,则有

$$0 \prec a \wedge b \leqslant a \text{ 和 } 0 \prec a \wedge b \leqslant b$$

而 a, b 是原子,则有 $b = a \wedge b = a$.

定理 7.18 设 $\langle B, \vee, \wedge, ', 0, 1 \rangle$ 是有限布尔代数,x 是 B 中任意非 0 元素,$a_1, a_2, \cdots, a_k$ 是满足 $a_i \leqslant x$ 的所有原子 $(i = 1, 2, \cdots, k)$,则

$$x = a_1 \vee a_2 \vee \cdots \vee a_k$$

且表示式是惟一的.

证明 记 $a_1 \vee a_2 \vee \cdots \vee a_k = a$. 因 $a_i \leqslant x, i = 1, 2, \cdots, k$,所以 $a \leqslant x$.

下证 $x \leqslant a$. 由于 $x \leqslant a \Leftrightarrow x \wedge a' = 0$. 使用反证法.

若 $x \wedge a' \neq 0$,于是必有一原子 b,使

$$b \leqslant x \wedge a', \Rightarrow b \leqslant x, b \leqslant a'$$

又因 b 也是原子,且 $b \leqslant x$. 所以 $b \in \{a_1, a_2, \cdots, a_k\}$,$\Rightarrow b \leqslant a$,与 $b \leqslant a'$ 矛盾.

因而 $x \wedge a' = 0$,即 $x \leqslant a$.

若另有一种表示式 $x = b_1 \vee b_2 \vee \cdots \vee b_t$,其中 $b_1, b_2, \cdots, b_t$ 也是 B 中不同的原子.

因为 $b_i \leqslant x (i = 1, 2, \cdots, t) \Rightarrow \{b_1, b_2, \cdots, b_t\} \subseteq \{a_1, a_2, \cdots, a_k\}$ 且 $t \leqslant k$.

如果 $t < k$,则 $a_1, a_2, \cdots, a_k$ 中必有一 a_i 与 $b_1, b_2, b \cdots, b_t$ 全不相同. 于是 $a_i \wedge (b_1 \vee b_2 \vee \cdots \vee b_t) = a_i \wedge (a_1 \vee a_2 \vee \cdots \vee a_k) = 0$,得 $a_i = 0$,矛盾. $\Rightarrow t = k$ 且 $\{b_1, b_2, \cdots, b_t\} = \{a_1, a_2, \cdots, a_k\}$.

定理 7.19 设 $\langle B, \vee, \wedge, ', 0, 1 \rangle$ 是一个有限布尔代数,S 是 B 的全体原子构成的集合,则 B 同构于 S 的幂集代数 $P(S)$.

证明 任取 $x \in B$,令

$$T(x) = \{a \mid a \in B, a \text{ 是原子且 } a \leqslant x\}$$

则 $T(x) \subseteq S$. 定义函数

$$f : B \rightarrow P(S), f(x) = T(x), \forall x \in B$$

说明：$f(0) = \varnothing$ $f(a) = S$ 其中 a 为 $T(x)$ 中所有原子的 $\bigvee$ 运算结果.

任取 $x, y \in B, \forall b \in B$ 有

$$b \in T(x \wedge y) \Longleftrightarrow b \in S \text{ 且 } b \leqslant x \wedge y$$
$$\Longleftrightarrow (b \in S \text{ 且 } b \leqslant x)$$

且

$$(b \in S \text{ 且 } b \leqslant y) \Longleftrightarrow b \in T(x)$$
$$b \in T(y) \Longleftrightarrow b \in T(x) \bigcap T(y)$$

从而

$$T(x \wedge y) = T(x) \bigcap T(y)$$

即有

$$f(x \wedge y) = f(x) \bigcap f(y)$$

任取 $x, y \in B$, 设

$$x = a_1 \bigvee a_2 \bigvee \cdots \bigvee a_n$$
$$y = b_1 \bigvee b_2 \bigvee \cdots \bigvee b_m$$

是 x 和 y 的原子表示, 则

$$x \bigvee y = a_1 \bigvee a_2 \bigvee \cdots \bigvee a_n \bigvee b_1 \bigvee b_2 \bigvee \cdots \bigvee b_m$$

从而

$$T(x \bigvee y) = \{a_1, a_2, \cdots, a_n, b_1, b_2, \cdots, b_m\}$$

故

$$T(x \bigvee y) = T(x) \bigcup T(y)$$

任取 $x \in B$, 存在 $x' \in B$ 使得

$$x \bigvee x' = 1$$
$$x \wedge x' = 0$$

因此

$$f(x) \bigcup f(x') = f(x \bigvee x') = f(1) = S$$
$$f(x) \bigcap f(x') = f(x \wedge x') = f(0) = \varnothing$$

由于 $\varnothing$ 和 S 分别为 $P(S)$ 的全下界和全上界. 因此 $f(x')$ 是 $f(x)$ 在 $P(S)$ 中的补元,即

$$f(x') = f(x))'$$

下证 f 为双射.

假设 $f(x)=f(y)$,则有

$$T(x) = T(y) = \{a_1, a_2, \cdots, a_n\}$$

从而 $x=a_1 \vee a_2 \vee \cdots \vee a_n=y$

于是 f 为单射.

任取 $\{b_1, b_2, \cdots, b_m\} \in P(S)$,令 $x=b_1 \vee b_2 \vee \cdots \vee b_m$,则

$$f(x) = T(x) = \{b_1, b_2, \cdots, b_m\}$$

于是 f 是满射.

综上所述,$\langle B, \vee, \wedge, ', 0, 1 \rangle$ 和 $\langle P(S), \bigcup, \bigcap, ', \varnothing, s \rangle$ 是同构的,其中 S 是此代数中的所有原子所组成的集合.

推论 1　任何有限布尔代数的元素个数为 2^n,其中 n 是该代数中所有原子的个数.

推论 2　任何一个具有 2^n 个元素的有限布尔代数都是同构的.

根据此定理,任何有限布尔代数的元素个数都是 2 的幂. 同时在同构的意义下对于任何 2^n,n 为自然数,仅存在一个 2^n 元素的布尔代数.

布尔代数在计算机科学中有着重要的应用. 作为计算机设计基础的数字逻辑就是布尔代数.

而命题逻辑可以用布尔代数 $\langle \{0,1\}, \vee, \wedge, \bar{} \rangle$ 来描述,一个原子就是一个变元,它的取值为 1 或 0. 任一复合命题都以用代数系统 $\langle \{0,1\}, \vee, \wedge, \bar{} \rangle$ 上的一个布尔函数来表示.

习题 7.3

1. 证明:在布尔代数 $\langle B, \wedge, \vee, ' \rangle$ 中,对任意 $a, b \in B$ 有

$$a \vee (a' \wedge b)=a \vee b, \quad a \wedge (a' \vee b)=a \wedge b$$

2. 设 $\langle B, \vee, \wedge, ' \rangle$ 是布尔代数,$x, y \in B$,证明:$x \leqslant y \Leftrightarrow y' \leqslant x'$.

3. 设 $\langle B, \wedge, \vee, ' \rangle$ 是布尔代数,如果在 B 上定义一个二元运算 $*$ 为:

$$a * b = (a \wedge b') \vee (a' \wedge b)$$

证明:$\langle B, * \rangle$是阿贝尔群.

4. 设$\langle B, \wedge, \vee, ' \rangle$是布尔代数,如果在 B 上定义两个二元运算＋和×如下:

$$a + b = (a \wedge b') \vee (a' \vee b), \, a \times b = a \wedge b$$

证明:$\langle B, +, \times \rangle$是以 1 为单位元的环.

5. 对于$n = 1, 2, 3, 4, 5$,给出所有不同构的 n 元格,并说明其中哪些是分配格、有补格和布尔格.

第8章 图 论

图论是数学的一个分支,近年来得到迅速发展,已广泛地应用于计算机科学的各个领域中,成为重要工具.图论最早起源于一些数字游戏的难题研究,如哥尼斯堡七桥问题、迷宫问题、环游世界旅行问题等.随着科学的发展,图论在解决运筹学、网络理论、信息论、控制论等各个领域的问题时,显示出越来越大的效果.

现实世界中许多现象能用某种图形表示,这种图形是由一些点和一些连接两点间的连线所组成的.用点表示要研究的离散对象,用边表示研究对象之间的关系.用图来描述某些事物之间的某种特定关系.在这种图中点的位置、线的长短曲直是无关紧要的.这种图形为任何一个包含了某种二元关系的系统提供了一个数学模型.

8.1 图的基本概念

为了给出图论中图的抽象而严格的数学定义,先给出无序积的概念.
设 A, B 为任意的两个集合,称

$$\{\{a,b\} \mid a \in A \land b \in B\}$$

为 A 与 B 的无序积,记作 $A \& B$.

说明 $A \& B = B \& A$,记 $\{a,b\} = (a,b)$.

定义 8.1 一个无向图是一个有序的二元组 $\langle V, E \rangle$,记作 G,其中

(1) $V \neq \varnothing$ 称为顶点集,其元素称为顶点或结点.

(2) E 称为边集,它是无序积 $V \& V$ 的子集,其元素称为无向边.

定义 8.2 一个有向图是一个有序的二元组 $\langle V, E \rangle$,记作 D,其中

(1) V 同无向图.

(2) E 为边集,它是笛卡尔积 $V \times V$ 的子集,其元素称为有向边.

以上是无向图与有向图的集合定义,若用图形表示它们,即用小圆圈

(或实心点)表示顶点,用顶点之间的连线表示无向边,用有方向的连线表示有向边.

例 8.1　(1) 给定无向图 $G=\langle V,E\rangle$,其中

$V=\{v_1,v_2,v_3,v_4\}$

$E=\{(v_1,v_1),(v_1,v_2),(v_1,v_2),(v_1,v_3),(v_1,v_4),(v_2,v_4),(v_3,v_4)\}$

(2) 给定有向图 $D=\langle V,E\rangle$,其中

$V=\{v_1,v_2,v_3,v_4\}$

$E=\{\langle v_1,v_1\rangle,\langle v_1,v_2\rangle,\langle v_2,v_1\rangle,\langle v_3,v_1\rangle\langle v_4,v_2\rangle,\langle v_4,v_3\rangle,\langle v_4,v_3\rangle\}$

画出 G 与 D 的图形.

解　图 8-1 中(1),(2)分别给出了无向图 G 和有向图 D 的图形.

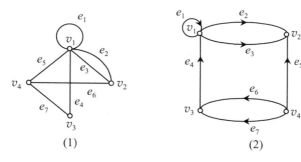

图 8-1

概念与说明:

1. $|V|$,$|E|$ 分别表示图 G 的顶点数和边数,若 $|V|=n$,则称图 G 为 n 阶图.

2. 若 $|V|$ 与 $|E|$ 均为有限数,则称 G 为有限图.

3. 将图的集合定义转化成图形表示之后,常用 e_k 表示无向边(v_i,v_j)(或有向边$\langle v_i,v_j\rangle$),并称顶点或边用字母标定的图为标定图.另外将有向图各有向边均改成无向边后的无向图称为原来图的底图.

4. 设 $G=\langle V,E\rangle$ 为无向图,$e_k=(v_i,v_j)\in E$,则称 v_i,v_j 为边 e_k 的端点,e_k 与 v_i 或 e_k 与 v_j 是彼此相关联的。若 $v_i\neq v_j$,则称 e_k 与 v_i 或 e_k 与 v_j 的关联次数为 1,若 $v_i=v_j$,则称 e_k 与 v_i 的关联次数为 2,并称 e_k 为环.

设 $D=\langle V,E\rangle$ 为有向图,$e_k=\langle v_i,v_j\rangle\in E$,称 v_i,v_j 为 e_k 的起点和终点. 若 $v_i=v_j$,则称 e_k 为 D 中的环. 无论在无向图中还是在有向图中,无边关联的顶点均称为孤立点.

5. 设无向图 $G=\langle V,E\rangle$,$v_i,v_j\in V$,$e_k,e_l\in E$. 若 $\exists e_t\in E$ 使得

$$e_t=(v_i,v_j)$$

则称 v_i 与 v_j 是相邻的. 若 e_k 与 e_l 至少有一个公共端点,则称 e_k 与 e_l 是相邻的.

设有向图 $D=\langle V,E\rangle$,$v_i,v_j\in V$,$e_k,e_j\in E$. 若 $\exists e_t\in E$ 使得 $e_t=\langle v_i,v_j\rangle$,则称 v_i 为 e_t 的起点,v_j 为 e_t 的终点. 若 e_k 的终点为 e_l 的起点,则称 e_k 与 e_l 相邻.

6. 在无向图中,关联一对顶点的无向边如果多于 1 条,则称这些边为平行边,平行边的条数称为重数. 在有向图中,关联的一对顶点的有向边如果多于 1 条,且这些边的方向相同,则称这些边为平行边. 含平行边的图称为多重图,既不含平行边也不含环的图称为简单图.

定义 8.3 设 $G=\langle V,E\rangle$ 为无向图,$\forall v\in V$,称 G 中所有边与 v 的关联次数之和为 v 的度数,记作 $d(v)$. 设 $D=\langle V,E\rangle$ 为有向图,$\forall v\in V$,称 v 作为边的起点的次数之和为 v 的出度,记作 $d^+(v)$. 称 v 作为边的终点的次数之和为 v 的入度,记作 $d^-(v)$,称 $d^+(v)+d^-(v)$ 为 v 的度数,记作 $d(v)$.

在无向图 G 中,令

$$\Delta(G) = \max\{d(v) \mid v \in V\}$$
$$\delta(G) = \min\{d(v) \mid v \in V\}$$

称 $\Delta(G),\delta(G)$ 分别为 G 的最大度和最小度. 在有向图 D 中,类似可定义最大度 $\Delta(D)$ 和最小度 $\delta(D)$. 令

$$\Delta^+(D) = \max\{d^+(v) \mid v \in V\}$$
$$\delta^+(D) = \min\{d^+(v) \mid v \in V\}$$
$$\Delta^-(D) = \max\{d^-(v) \mid v \in V\}$$
$$\delta^-(D) = \min\{d^-(v) \mid v \in V\}$$

分别称为 D 的最大出度,最小出度,最大入度,最小入度.

另外,称度数为 1 的顶点为悬挂顶点,与它关联的边称为悬挂边. 度为偶数(奇数)的顶点称为偶度(奇度)顶点.

下面给出图论中的基本定理——握手定理.

定理 8.1　设 $G = \langle V, E \rangle$ 为任意无向图，$V = \{v_1, v_2, \cdots, v_n\}$，$|E| = m$，则

$$\sum_{i=1}^{n} d(v_i) = 2m$$

证明　G 中每条边均有两个端点，每条边均提供 2 度，所以在计算 G 中所有顶点度数之和时，m 条边，共提供 $2m$ 度.

定理 8.2　设 $D = \langle V, E \rangle$ 为任意有向图，$V = \{v_1, v_2, \cdots, v_n\}$，$|E| = m$，则

$$\sum_{i=1}^{n} d(v_i) = 2m$$

且

$$\sum_{i=1}^{n} d^+(v_i) = \sum_{i=1}^{n} d^-(v_i) = m$$

推论　任何图中，奇数顶点的个数是偶数.

证明　设 $G = \langle V, E \rangle$ 为任意一图，令

$$V_1 = \{v \mid v \in V \wedge d(v) \text{ 为奇数}\}$$
$$V_2 = \{v \mid v \in V \wedge d(v) \text{ 为偶数}\}$$

则 $V_1 \bigcup V_2 = V$，$V_1 \bigcap V_2 = \varnothing$，由握手定理可知

$$2m = \sum_{v \in V} d(v)$$
$$= \sum_{v \in V_1} d(v) + \sum_{v \in V_2} d(v)$$

所以 $\sum_{v \in V_1} d(v)$ 为偶数，而 V_1 中顶点度数为奇数，所以 $|V_1|$ 为偶数.

定理 8.3　设 G 为任意 n 阶无向简单图，则 $\Delta(G) \leqslant n-1$.

证明　因为 G 既无平行边也无环，所以 G 中任何顶点 v 至多与其余的 $n-1$ 个顶点均相邻，于是 $d(v) \leqslant n-1$，由 v 的任意性可得

$$\Delta(G) \leqslant n-1$$

定义 8.4　设 G 为 n 阶无向简单图，若 G 中每个顶点均与其余的 $n-1$ 个顶点相邻，则称 G 为 n 阶无向完全图，记作 $K_n(n \geqslant 1)$.

设 D 为 n 阶有向简单图,若 D 中每个顶点都邻接到其余的 $n-1$ 个顶点,又邻接于其余的 $n-1$ 个顶点,则称 D 是 n 阶有向完全图.

设 D 为 n 阶有向简单图,若 D 的底图为 n 阶无向完全图 K_n,则称 D 是 n 阶竞赛图.

易知,n 阶无向完全图,n 阶有向完全图,n 阶竞赛图的边数分别为

$$\frac{n(n-1)}{2}$$

$$n(n-1)$$

$$\frac{n(n-1)}{2}$$

在图 8-2 中,(1)为 K_4,(2)为 3 阶有向完全图,(3)为 5 阶竞赛图.

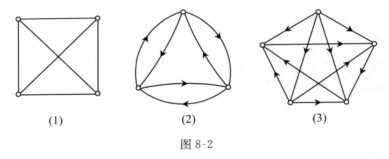

$$(1) \qquad\qquad (2) \qquad\qquad (3)$$

图 8-2

定义 8.5 设 G 为 n 阶无向简单图,若 $\forall v \in V$,均有 $d(v)=k$,则称 G 为 k-正则图.

易知,n 阶 k-正则图中,边数 $m=\dfrac{kn}{2}$.

图 8-3 中分别给出了 4 阶 0 度、1 度、2 度和 3 度正则图.

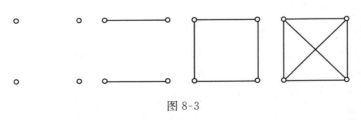

图 8-3

定义 8.6　设 $G=\langle V,E\rangle$, $G'=\langle V',E'\rangle$ 为两个图(同为无向图或同为有向图),若 $V'\subseteq V$, $E'\subseteq E$,则称 G' 是 G 的子图,记作 $G'\subseteq G$. 又若 $V'\subset V$ 或 $E'\subset E$,则称 G' 为 G 的真子图. 若 $V'=V$,则称 G' 为 G 的生成子图.

定义 8.7　设 $G=\langle V,E\rangle$ 为 n 阶无向简单图,以 V 为顶点集,以所有使 G 成为图 K_n 的添加边组成的集合为边集的图,称为 G 的补图,记作 $\overline{G}$.

图 8-4 中的 G 与 $\overline{G}$ 互为补图.

定义 8.8　设 $G_1=\langle V_1,E_1\rangle$, $G=\langle V_2,E_2\rangle$ 为两个无向图(两个有向图),若存在双射函数

$$f:V_1\to V_2, 对于 \forall v_i,v_j\in V_1, (v_i,v_j)\in E_1(\langle v_i,v_j\rangle\in E_1)$$

当且仅当

$$(f(v_i),f(v_j))\in E_2, (\langle f(v_i),f(v_j)\rangle)\in E_2)$$

并且

$$(v_i,v_j)(\langle v_i,v_j\rangle) 与 (f(v_i),f(v_j))(\langle f(v_i),f(v_j)\rangle)$$

的重数相同,则称 G_1 与 G_2 是同构的,记作 $G_1\cong G_2$.

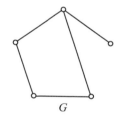　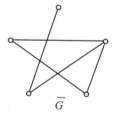

$$G \qquad\qquad \overline{G}$$

图 8-4

两个图的各顶点之间,如果存在一一对应关系,而且这种对应关系保持了顶点间的邻接关系(在有向图时还保持边的方向)和边的重数,则这两个图是同构的,两个同构的图除了顶点和边的名称不同外实际上代表同样的组合结构.

图之间的同构关系"$\cong$"可看成全体图集合上的二元关系,这个二元关系事实上为等价关系. 在这个等价关系的每一个等价类中均取一个非标定图作为一个代表,凡与它同构的图,在同构的意义下都可以看成一个图.

图 8-5 中的图 $G_1 \cong G_2$

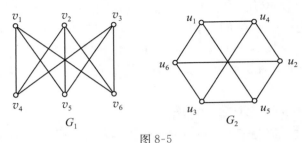

图 8-5

只要令 $f: V_1 \to V_2$，$f(v_i) = u_i$，$i = 1, 2, \cdots, 6$. 则 f 为图的同构映射.

图 8-6 中的图 $G_1 \cong G_2$.

图的同构的必要条件为它们的阶数相同,边数相同,度数相同的顶点数目相等,等等. 破坏这些必要条件的任何一个,两个图就不会同构,但即使以上所列出的条件都满足,两个图也不一定同构,在图 8-7 中的两个图,虽然满足上述必要条件,但不同构.

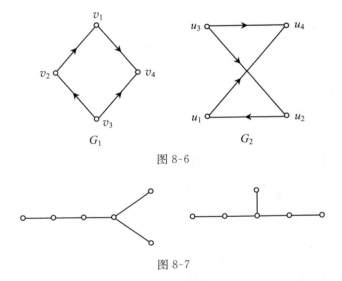

图 8-6

图 8-7

在由实际问题抽象出来的图中顶点和边上往往都带信息. 即图

$$G = \langle V, E, f \rangle \text{ 或 } G = \langle V, E, f, g \rangle$$

其中 V 是顶点，E 是边集，f 是定义在 V 上的函数，g 是定义在 E 上的函数，则称这样的图为赋权图.

习题 8.1

1. 先将图 8-8 中各图的顶点标定顺序，然后写出各图的集合表示.

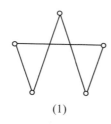
(1)

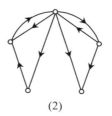
(2)

图 8-8

2. 设 n 阶图 G 中有 m 条边，证明：
$$\delta(G) \leqslant 2m/n \leqslant \Delta(G)$$

3. 证明：在 n 个顶点的简单无向图中，至少有两个顶点度数相同，这里 $n \geqslant 2$.

4. 证明：在任何有向完全图中，所有顶点引入次数平方和等于所有顶点引出次数平方之和.

5. 6 阶 2-正则图有几种非同构的情况？

6. 一个简单无向图如果同构于它的补，则该图称为自补图.

(1) 给出一个四个结点的自补图.

(2) 给出一个五个结点的自补图.

(3) 是否存在三个结点、六个结点的自补图？

(4) 证明一个 n 阶自补图 G，其所包含的结点数
$$n = 4k \text{ 或 } n = 4k + 1$$
其中 k 为正整数.

7. 设 G 是 6 阶无向简单图，证明 G 或它的补图 $\overline{G}$ 中存在 3 个顶点彼此相邻.

8. 如果存在一个具有 n 个结点无向的简单图,结点的度数是 $d_1, d_2,$ $\cdots, d_n$,则称这非负整数的有序 n 重组 $\langle d_1, d_2, \cdots, d_n \rangle$ 为可构成图的.

(1) 证明 $\langle 4, 3, 2, 2, 1 \rangle$ 是可构成图的.

(2) 证明 $\langle 2, 2, 2, 1 \rangle$ 是不可构成图的.

8.2 路径与回路

路径与回路也是图论中的重要概念.

定义 8.9 设 G 为无向标定图,G 中顶点与边的交替序列

$$C = v_{i_0} e_{j_1} v_{i_1} e_{j_2} \cdots e_{j_l} v_{i_l}$$

称为 v_{i_0} 到 v_{i_l} 的路径,其中 $v_{i_{r-1}}, v_{i_r}$ 为边 e_{j_r} 的端点,

$$r = 1, 2, \cdots, l, v_{i_0}, v_{i_l}$$

分别为 C 的始点与终点,C 中边的条数称为它的长度. 若 $v_{i_0} = v_{i_l}$,则称该路径为回路. 若 C 的所有边均不相同,则称 C 为迹,又若 $v_{i_0} = v_{i_l}$,则称 C 为简单回路. 若 C 的所有顶点(除 v_{i_0} 与 v_{i_l} 可能相同外)各异,则称 C 为通路,此时又若 $v_{i_0} = v_{i_l}$,则称 C 为圈.

在有向图中,路径、回路及分类的定义与无向图中非常类似,但须注意有向边方向的一致性.

用顶点与边的交替序列定义了路径与回路,还可以用更简单的表示法表示路径与回路.

(1) 只用边的序列表示. 定义 8.9 中的 C 可以表示成 $e_{j_1} e_{j_2} \cdots e_{i_l}$.

(2) 在简单图中也可以只用顶点序列表示路径与回路. 上述 C 可以表示成 $v_{i_0} v_{i_1} \cdots v_{i_l}$.

定理 8.4 在 u 阶图 G 中,若从顶点 u 到 $v(u \neq v)$ 存在一条路径,则从 u 到 v 存在一条长度不大于 $n-1$ 的通路.

证明 设从 u 到 v 存在一条路径,设 $u \cdots u_i \cdots v$ 是路径的结点,如果其中有相同的结点,如:$u \cdots u_i \cdots v_k \cdots v_k \cdots v$,则删去从 v_k 到 v_k 的这些边,它们仍然是从 u 到 v 的路径,如此反复地进行直至 $u \cdots u_i \cdots v$ 中没有重复结点为止. 此时所得的就是一条通路. 通路的长度比所经结点数少,而图中只有 n 个结点,故从 u 到 v 的通路的长度不超过 $n-1$.

类似地可证明下面的定理和推论.

定理 8.5 在一个 n 阶图 G 中,若存在 v 到自身的回路,则一定存在 v 到自身长度不超过 n 的圈.

利用两顶点间的路径,可以研究图的连通性. 首先讨论无向图的连通性.

定义 8.10 设无向图 $G=\langle V,E \rangle$, $\forall u,v \in V$,若 u,v 之间存在一条路径,则称 u,v 是连通的,记作 $u \sim v$. 规定 $u \sim u$, $\forall u \in V$.

易知,无向图中顶点之间的连通关系

$\sim = \{\langle u,v \rangle | u,v \in V$ 且 u 与 v 之间有路径$\}$是 V 上的等价关系.

定义 8.11 若无向 G 是平凡图或 G 中任何两个顶点都是连通的,则称 G 为连通图,否则称 G 为非连通图.

定义 8.12 设无向图 $G=\langle V,E \rangle$,V 关于顶点之间的连通关系 $\sim$ 的商集 $V/\sim = \{V_1,V_2,\cdots,V_m\}$,$V_i$ 为等价类,相应的子图
$$G(V_i)(i=1,2,\cdots,m)$$
并称之为 G 的连通分支,其数目 m 可记为 $\omega(G)$.

易知,若 G 是连通图,则 $\omega(G)=1$,若 G 为非连通图,则 $\omega(G) \geqslant 2$.

下面讨论无向图的连通程度.

定义 8.13 设无向图 $G=\langle V,E \rangle$,若存在 $V_1 \subset V$,且 $V_1 \neq \varnothing$,使得 $\omega(G-V_1) > \omega(G)$,而对于任意的 $V_2 \subset V_1$ 均有 $\omega(G-V_2)=\omega(G)$,则称 V_1 是 G 的点割集,若 $V_1=\{u\}$,则称 u 为割点.

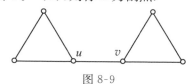

图 8-9

在图 8-9 中,u,v 皆为割点.

定义 8.14 设无向图 $G=\langle V,E \rangle$,若存在 $E_1 \subseteq E$,且 $E_1 = \varnothing$,使得 $\omega(G-E_1) > \omega(G)$,而对于任意的 $E_2 \subset E_1$,均有 $\omega(G-E_2)=\omega(G)$,则称 E_1 是 G 的边割集,或简称为割集. 若 E_1 为单边集,即 $E_1=\{e\}$,则称 e 为割边或桥.

在图 8-9 中边 uv 为桥.

定义 8.15 设 G 为无向连通图且非完全图,则称

$$k(G) = \min\{|V_1| \mid V_1 \text{ 为 } G \text{ 的点割集}\}$$

为 G 的点连通度. 规定完全图 $K_n(n \geq 1)$ 的点连通度为 $n-1$,非连通图的点连通度为 0. 又若 $k(G) \geq k$,则称 G 是 k-连通图,k 为非负整数.

若 G 是 k-连通图($k \geq 1$),则在 G 中删除任何 $k-1$ 个顶点后,所得图一定还是连通的.

设 G_1,G_2 都是 n 阶无向简单图,若 $k(G_1) > k(G_2)$,则称 G_1 比 G_2 的点连通程度高.

定义 8.16 设 G 是无向连通图,称

$$\lambda(G) = \min\{|E_1| \mid E_1 \text{ 是 } G \text{ 的边割集}\}$$

为 G 的边连通度. 规定非连通图的边连通度为 0. 又若 $\lambda(G) \geq r$,则称 G 是 r 边-连通图.

若 G 是 r 边-连通图,则在 G 中任意删除 $r-1$ 条边后,所得图依然是连通的.

设 G_1,G_2 都是 n 阶无向简单图,若 $\lambda(G_1) > \lambda(G_2)$,则称 G_1 比 G_2 的边连通程度高.

定理 8.6 对于任何无向图 G,有

$$k(G) \leq \lambda(G) \leq \delta(G)$$

本定理证明略.

定理 8.7 一个连通无向图 G 中的结点 u 是割点的充要条件是存在两个结点 v,ω,使得结点 v,ω 的每一条路径都通过 u.

证明 若结点 u 是连通图 G 的一个割点,删去 u 得到的子图 G' 必至少包含两个连通分支,分别记为 $G(V_1),G(V_2)$,任取 $v \in V_1,\omega \in V_2$,由于 G 是连通的,故在 G 中必有一条连结 v 和 ω 的路径 C,但 v 和 ω 在 G' 中属于两个不同的连通分支,故在 G' 中 v 和 ω 不连通. 因此 C 必须通过 u,故 v 和 ω 之间的任意一条路径都通过 u.

反之,若连通图 G 中某两个结点的每一条路径都通过 u,删去 u 得到子集 G',在 G' 中这两个结点不连通,故 u 是图 G 的割点.

无向图的连通性,反映出连通图 G 中任意两点可达,此可达性关系

为结点集上的等价关系;但对于有向图,结点间的可达性满足自反性、传递性,一般不满足对称性.

定义 8.17 设 $D=\langle V,E\rangle$ 为一个有向图. $\forall v_i,v_j\in V$,若从 v_i 到 v_j 存在路径,则称 v_i 可达 v_j,记作 $v_i\rightarrow v_j$. 若 $v_i\rightarrow v_j$ 且 $v_j\rightarrow v_i$,则称 v_i 与 v_j 是相互可达的,记作 $v_i\leftrightarrow v_j$.

规定 $v_i\rightarrow v_i$,$v_i\leftrightarrow v_i$.

$\rightarrow$ 与 $\leftrightarrow$ 都是 V 上的二元关系,但只有 $\leftrightarrow$ 为 V 上的等价关系.

定义 8.18 设 $D=\langle V,E\rangle$ 为有向图. 若 D 的底图是连通的,则称 D 是弱连通图. 若 $\forall v_i,v_j\in V$,$v_i\rightarrow v_j$ 与 $v_j\rightarrow v_i$ 至少成立其一,则称 D 是单向连通图. 若均有 $v_i\leftrightarrow v_j$,则称 D 是强连通图.

在图 8-10 中,(1)为强连通图,(2)为单向连通图,(3)为弱连通图.

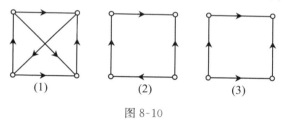

图 8-10

在有向图 $D=\langle V,E\rangle$ 中,G' 是 G 的子集,若 G' 是强连通的(单向连通的、弱连通的),且没有包含 G' 的更大的子图 G'' 是强连通的(单向连通的、弱连通的),则称 G' 是极大强连通子集(极大单向连通子图、极大弱连通子图),又称为强分图(单向分图、弱分图).

定义 8.8 在有向图 $D=\langle V,E\rangle$ 中,V 的每一结点都在也只在一个强(弱)分图中.

证明 因"结点在同一强(弱)分图中"是等价关系,它把结点分成等价类,等价类集合是结点集合 V 的一个划分. 每一等价类的结点导出一个强(弱)分图.

而"结点在同一单向分图中"是一相容关系. 它把结点分成最大相容类,每一最大相容类的结点导出一极大单向连通子图. 因此有以下定理成立.

定理 8.9 在有向图 $D=\langle V,E\rangle$ 中,V 的每一结点都处在一个或一个以上的单向分图中.

习题 8.2

1. 在无向图 G 中,从结点 u 到结点 v 有一条长度为偶数的通路,从结点 u 到结点 v 又有一条长度为奇数的通路,则在 G 中必有一条长度为奇数的回路.

2. 若无向图 G 中恰有两个奇数度的结点,则这两结点之间必然连通.

3. 若图 G 是不连通的,则 G 的补图 $\overline{G}$ 是连通的.

4. 设 G 是 n 阶 m 条边的无向连通图,证明 $m \geqslant n-1$.

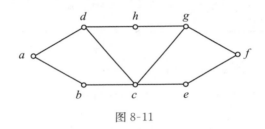

图 8-11

5. 在图 8-11 中,求

(1) 从 a 到 f 的所有通路.

(2) a 到 f 的距离.

注: 两结点间的距离是指该两点之间最短路径的长度.

6. 试证明:图 G 的每一条边都包含于一个弱分图中,且只包含于一个弱分图中.

7. 设无向连通图 $G = \langle V, E \rangle$ 中无回路,证明 G 中每条边都是割边.

8.3 图的矩阵表示

用矩阵表示图,便于用代数方法研究图的性质,也便于用计算机处理图. 矩阵是研究图的性质最有效的工具之一,可运用矩阵运算求出图的路径、回路和其他一些问题. 在用矩阵表示图之前,必须将图的顶点或边标定成顺序,使其成为标定图.

定义 8.19 设有向图

$$D = \langle V, E \rangle$$
$$V = \{v_1, v_2, \cdots, v_n\}$$
$$E = \{e_1, e_2, \cdots, e_m\}$$

定义一个 $n \times n$ 的矩阵 $A(D) = (a_{ij})$,其中

$$a_{ij} = \begin{cases} 1 & \langle v_i, v_j \rangle \in E \\ 0 & \langle v_i, v_j \rangle \notin E \end{cases}$$

称这样的矩阵是图 D 的邻接矩阵.

若 $G = \langle V, E \rangle$ 是一个简单的无向图,只需将定义中的有向边 $\langle v_i, v_j \rangle$ 换成无向边 (v_i, v_j) 即可.

如图 8-12 所示,有

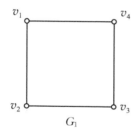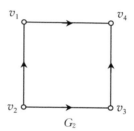

图 8-12

$$A(G_1) = \begin{pmatrix} 0 & 1 & 0 & 1 \\ 1 & 0 & 1 & 0 \\ 0 & 1 & 0 & 1 \\ 1 & 0 & 1 & 0 \end{pmatrix}$$

$$A(G_2) = \begin{pmatrix} 0 & 0 & 0 & 1 \\ 1 & 0 & 1 & 0 \\ 0 & 0 & 0 & 1 \\ 0 & 0 & 0 & 0 \end{pmatrix}$$

易知无向图的邻接矩阵是实对称的,有向图的邻接矩阵一般是非对

称的.

图的邻接矩阵与 V 中结点标定次序有关,当标定次序固定时,邻接矩阵是惟一的,否则,可以通过行、列对调而得到,这些相关的矩阵称为置换等价.

图的邻接矩阵直接刻画了图中结点的邻接关系,通过邻接矩阵的某些运算可得到许多性质.

有向图的邻接矩阵有以下性质.

1. $\sum_{j=1}^{n} a_{ij} = d^{+}(v_i), i = 1, 2, \cdots, n$, 于是

$$\sum_{i=1}^{n} \sum_{j=1}^{n} a_{ij} = \sum_{i=1}^{n} d^{+}(v_i) = m$$

类似地,$\sum_{i=1}^{n} a_{ij} = d^{-}(v_j), j = 1, 2, \cdots, n$,而

$$\sum_{j=1}^{n} \sum_{i=1}^{n} a_{ij} = \sum_{j=1}^{n} d^{-}(v_j) = m$$

2. $A(G)$ 中所有元素之和为 D 中长度为 1 的通路个数,而 $\sum_{i=1}^{n} a_{ii}$ 为 D 中长度为 1 的回路的个数.

如何利用 $A(G)$ 计算出 D 中长度为 l 的路径数和回路数,进而可确定任意两点间的最短路径.

定理 8.10 设 $A(G)$ 是图 G 中邻接矩阵,则 $(A(G))^l$ 中的第 i 行第 j 列元素 $a_{ij}^{(l)}$ 等于 G 中联结 v_i 与 v_j 的长度为 l 的路径的数目.

证明 对 l 用数学归纳法.

当 $l = 2$ 时,从结点 v_i 到 v_j 的长度为 2 的路径数目等于

$$\sum_{k=1}^{n} a_{ik} a_{kj}$$

为 $(A(G))^2$ 中的第 i 行第 j 列的元素. 故 $(a_{ij}^{(2)}) = (A(G))^2$ 中第 i 行第 j 列元素 $a_{ij}^{(2)}$ 等于 G 中联结 v_i 与 v_j 的长度为 2 的路径数目.

设命题对 l 成立. 由于

$$(A(G))^{l+1} = A(G) \cdot (A(G))^l$$

故

$$a_{ij}^{(l+1)} = \sum_{k=1}^{n} a_{ik} \cdot a_{kj}^{(l)}$$

根据邻接矩阵定义，a_{ik} 表示联结 v_i 与 v_k 的长度为 1 的路径的数目. $a_{kj}^{(l)}$ 是联结 v_k 与 v_j 的长度为 l 的路径数目，故上式右边的每一项表示由 v_i 经过一条边到 v_k，再由 v_k 经过一条长度为 l 的路径到 v_j 的总长度为 $l+1$ 的路径数目. 对所有 k 求和，即得 $a_{ij}^{(l+1)}$ 是所有从 v_i 到 v_j 的长度为 $l+1$ 的路径数目. 故命题对 $l+1$ 成立.

因此 $(A(G))^l$ 中 $a_{ii}^{(l)}$ 表示从 v_i 到 v_i 的长度为 l 的回路的数目.

在判断 v_i 到 v_j 之间是否存在路径，且计算该两点间的距离时，利用图的邻接矩阵 $A(G)$，计算 $A^2, \cdots, A^n$，当发现某个 A^l 的 $a_{ij}^{(l)} \geqslant 1$，就表明从结点 v_i 到 v_j 可达，且最短距离长为 l. 即：使 $a_{ij}^{(l)} \neq 0$ 的最小正整数 l 为 v_i 到 v_j 的最短路的长度.

在实际问题中，有时只关心从 v_i 到 v_j 是否可达到，不关心其路的数目.

定义 8.20　设 $D = \langle V, E \rangle$ 为有向图. $V = \{v_1, v_2, \cdots, v_n\}$，令

$$p_{ij} = \begin{cases} 1 & v_i \text{ 可达 } v_j \\ 0 & \text{否则} \end{cases}$$

称 $(p_{ij})_{n \times n}$ 为 D 的可达性矩阵，记作 $P(D)$.

一般地，可由图 G 的邻接矩阵 $A(G)$ 得到可达性矩阵 P，可令

$$B_n = \sum_{i=1}^{n} A^i$$

再从 B_n 中将不为零的元素均改换为 1，而零元素不变，即可得到可达性矩阵 P.

上述计算可达性矩阵的方法还是比较复杂，因为可达性矩阵是一个元素的 0 或 1 的布尔阵，由于在 A^l 中，对于两个结点间具有路的数目不感兴趣，它所关心的是该两结点间是否有路径存在，因此我们可将 $A^2, \cdots, A^n$ 分别改为布尔矩阵 $A^{(2)}, \cdots A^{(n)}$，从而 $P = A^{(1)} \vee A^{(2)} \vee \cdots \vee A^{(n)}$，其中 $A^{(i)}$ 表示在布尔运算意义下 A 的 i 次幂.

例 8.2　设有程序集 $B = \{p_1, p_2, \cdots, p_5\}$，$R$ 为程序调用关系，关系图为 8-13 所示，试求此图的可达性矩阵.

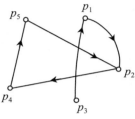

图 8-13

解 由于

$$A(G) = \begin{pmatrix} 0 & 1 & 0 & 0 & 0 \\ 0 & 0 & 0 & 1 & 0 \\ 1 & 0 & 0 & 0 & 0 \\ 0 & 0 & 0 & 0 & 1 \\ 0 & 1 & 0 & 0 & 0 \end{pmatrix}$$

$$P = A^{(1)} \vee A^{(2)} \vee \cdots \vee A^{(5)} = \begin{pmatrix} 0 & 1 & 0 & 1 & 1 \\ 0 & 1 & 0 & 1 & 1 \\ 0 & 1 & 0 & 1 & 1 \\ 0 & 1 & 0 & 1 & 1 \\ 0 & 1 & 0 & 1 & 1 \end{pmatrix}$$

利用可达性矩阵可以判别图的连通性.

无向图连通$\Leftrightarrow$可达性矩阵 P 中除主对角线元素外全为 1.

有向图强连通$\Leftrightarrow$可达性矩阵 P 中除主对角线元素外全为 1.

有向图单向连通$\Leftrightarrow$可达性矩阵 P 及其转置矩阵 P^T，$P' = P \vee P^T$ 中除去主对角线元素外全为 1.

有向图弱连通$\Leftrightarrow$邻接矩阵$A(G)$及其转置矩阵 A^T，$A' = A \vee A^T$，A' 的可达性矩阵中除主对角线元素外全为 1.

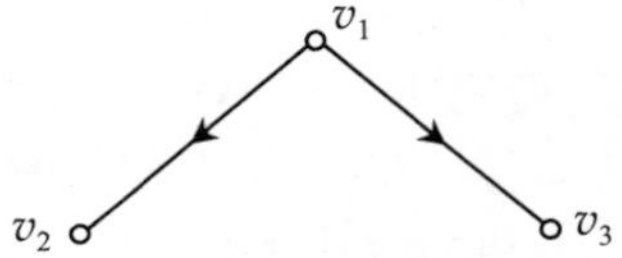

如图 8-14 所示,可达性矩阵

$$P = \begin{pmatrix} 0 & 1 & 1 \\ 0 & 0 & 0 \\ 0 & 0 & 0 \end{pmatrix}$$

$$P^T = \begin{pmatrix} 0 & 0 & 0 \\ 1 & 0 & 0 \\ 1 & 0 & 0 \end{pmatrix}$$

$$P' = P \vee P^T = \begin{pmatrix} 0 & 1 & 1 \\ 1 & 0 & 0 \\ 1 & 0 & 0 \end{pmatrix}$$

图 8-14

故此有向图既非强连通又非单向连通. 又邻接矩阵

$$A(G) = \begin{bmatrix} 0 & 1 & 1 \\ 0 & 0 & 0 \\ 0 & 0 & 0 \end{bmatrix}$$

$$A^T(G) = \begin{bmatrix} 0 & 0 & 0 \\ 1 & 0 & 0 \\ 1 & 0 & 0 \end{bmatrix}$$

$$A' = A(G) \vee A^T(G) = \begin{bmatrix} 0 & 1 & 1 \\ 1 & 0 & 0 \\ 1 & 0 & 0 \end{bmatrix}$$

A' 的可达性矩阵为

$$\begin{bmatrix} 1 & 1 & 1 \\ 1 & 1 & 1 \\ 1 & 1 & 1 \end{bmatrix}$$

故该图为弱连通的.

对于一个无向图,除了可用邻接矩阵表示外,还对应着一个称为图 G 的完全关联矩阵.

定义 8.21 设 $G=\langle V,E \rangle$ 为无向图,$V=\{v_1,v_2,\cdots,v_n\}$,$E=\{e_1,e_2,\cdots,e_m\}$,令

$$m_{ij} = \begin{cases} 1 & v_i \text{ 关联 } e_j \\ 0 & v_i \text{ 不关联 } e_j \end{cases}$$

称 $M(G)=(m_{ij})_{n \times m}$ 为图 G 的完全关联矩阵.

右图 8-15 中,

$$M(G) = \begin{bmatrix} 1 & 0 & 0 & 0 & 1 & 1 \\ 1 & 1 & 1 & 0 & 0 & 0 \\ 0 & 1 & 1 & 1 & 1 & 0 \\ 0 & 0 & 0 & 1 & 0 & 1 \end{bmatrix}$$

从完全关联矩阵中可以看出图的一些性质:

(1) $M(G)$ 中的每一列中只有两个 1(针对简单图).

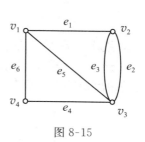

图 8-15

(2) $M(G)$ 中每一行元素和对应结点的度数.

(3) $M(G)$ 中的一行中元素全为 0,其对应的结点为孤立点;两个平行边所对应的两列相同.

对于有向图,亦可用结点和边的关联矩阵表示.

给定简单有向图

$$D = \langle V, E \rangle$$
$$V = \{v_1, v_2, \cdots, v_n\}$$
$$E = \{e_1, e_2, \cdots, e_m\}$$

则矩阵 $M(G) = (m_{ij})_{n \times m}$,其中

$$m_{ij} = \begin{cases} 1 & v_i \text{ 是 } e_j \text{ 的起点} \\ -1 & v_i \text{ 是 } e_j \text{ 的终点} \\ 0 & v_i \text{ 与 } e_j \text{ 不关联} \end{cases}$$

有向图的完全关联矩阵也有类似于无向图的一些性质,读者可试予归纳.

习题 8.3

1. 求出图 8-16 的邻接矩阵 $A(G)$,找出从 v_1 到 v_3 长度为 2 和 4 的路径,用计算 A^2, A^4 来验证这结论.

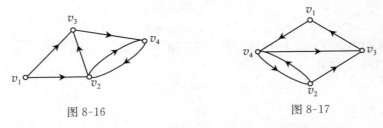

图 8-16   图 8-17

2. 给出图 8-17 的邻接矩阵 $A(G)$ 及可达性矩阵 $P(G)$.

3. 给定一个简单有向图 $D = \langle V, E \rangle$,用 $A(D)$ 表示 D 的邻接矩阵,可把图的距离矩阵定义成

$$D(G) = (d_{ij}), \quad d_{ij} = \begin{cases} \infty & i \neq j \text{ 且从 } v_i \text{ 到 } v_j \text{ 不可达} \\ 0 & i = j \\ k & i \neq j, k \text{ 是使 } a_{ij}^{(k)} \neq 0 \text{ 的最小正整数} \end{cases}$$

（1）求出图 8-18 的距离矩阵.

（2）如何从一个距离矩阵求可达性矩阵.

（3）说明若一个图 G 的距离矩阵的元素除主对角线元素外都不是零且不是 ∞，那么图 G 是强连通的.

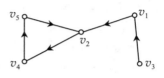

图 8-18

4．（1）设 u,v 为无向完全图 K_n 中的任意两个顶点，问 $d(u,v)$ 为几？

（2）设 v,v 为 n 阶有向完全图中的任意两个顶点，问 $d(u,v)$ 为几？

（3）n 阶竞赛图（K_n 的任意定向图）中的任意两个顶点之间的距离必常数吗？为什么？

8.4　欧拉图与哈密尔顿图

1736 年瑞士数学家欧拉发表了图论的第一篇论文"哥尼斯堡七桥问题"，解决了历史著名的游戏问题. 可将此问题抽象为在图 G 中从某一结点出发找一条通路，通过它的每一条边一次且仅一次，并回到原结点.

定义 8.22　通过图（无向图或有向图）中所有边一次且仅一次行遍图中所有顶点的路径称为欧拉路径，通过图中所有边一次且仅一次行遍所有顶点的回路称为欧拉回路. 具有欧拉回路的图称为欧拉图，具有欧拉路径而无欧拉回路的图称为半欧拉图.

定理 8.11　无向图 G 是欧拉图当且仅当 G 是连通图，且 G 中没有奇度结点.

证明　必要性

设 G 具有欧拉回路 C，$\forall u,v \in V$，u,v 都在 C 上，因而 u,v 连通，所以 G 为连通图. 对 $\forall u \in V$，u 在 C 上每出现一次，其度数 $d(u)=2$. 若出现 k 次，则 $d(u)=2k$，所以 G 中没有奇度顶点.

充分性

若图 G 连通,且 G 中没有奇数结点.我们构造一条欧拉回路如下:

(1) 从 V 中任取一点 u 开始构造一条回路,从 u 出发沿关联边 e_i "进入" v_1,由于 $d(v_1)$ 也为正偶数,则必可由 v_1 再沿关联边 e_2 进入 v_2,如此进行下去,每边仅取一次.由于 G 是连通的,故必可达到出发点 u,得到一条回路 C_1.

(2) 若 C_1 通过了 G 的所有边,则 C_1 就是欧拉回路.

(3) 若 G 中去掉 C_1 后得到的子图 G',则 G' 中每结点度数为偶数,因为原来的图是连通的,故 C_1 与 G' 至少有一个结点出现重合,在 G' 中由重合点 u_i 出发重复(1)的方法,得到 C_2.

(4) 当 C_1 和 C_2 组合在一起时,如果是 G,则即得欧拉回路,否则重复(3)可得到回路 C_3,以此类推直到得到一条经过图 G 中所有边的欧拉回路.故 G 是欧拉图.

定理 8.12 无向图 G 是半欧拉图当且仅当 G 是连通的,且 G 中恰有两个奇数顶点.

与七桥问题类似的还有一笔画的判别问题,所谓一笔画问题是指用笔在图上笔不离开纸沿着所有边,一笔画成.实质上就是判断图形是否存在欧拉路径和欧拉回路的问题.

在图 8-19 中的图皆可一笔画.

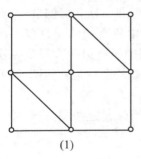
(1)

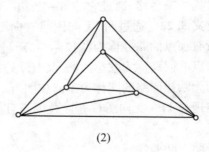
(2)

图 8-19

定理 8.13 有向图 D 是欧拉图当且仅当 D 是强连通的且每个顶点的出度等于入度.有向图 D 是半欧拉图当且仅当 D 是单向连通的,且 D 中恰有两个奇数顶点,其中一个的入度比出度大 1,另一个的出度比入度大 1,而其余顶点的出度都等于入度.

该定理的证明,可以看作是无向图的欧拉路径的推广,因为对于有向图的任意一个顶点来说,如果入度与出度相等,则该点的度数为偶数,若入度与出度之差为 1 时,其总度数为奇数,因此该定理的证明与定理 8.12 的证明类似.

在图 8-20 中,(1)为欧拉图,(2)为非连通图,(3)能一笔画.

作为有向欧拉路径的应用,我们讨论计算机鼓轮设计问题.

设有旋转鼓轮,其表面被分成 2^3 个部分. 其中每一部分分别用绝缘体或导体组成,绝缘体部分给出信号 0,导体部分给出信号 1. 在图 8-21 中阴影部分表示导体,空白部分表示绝缘体. 根据鼓轮的位置,触点将得到信息 110,如果鼓轮沿顺时针方向旋转一个部分,触点将有信息 100. 问鼓轮上 8 个部分怎样安排导体及绝缘体,才能使鼓轮每旋转一个部分,2 个触点能得到一组不同的三位二进制数信息.

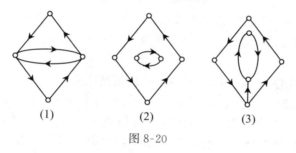

(1)　　　　　(2)　　　　　(3)

图 8-20

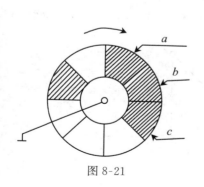

图 8-21

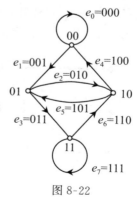

图 8-22

原理是每转一个部分,信号 $\alpha_1\alpha_2\alpha_3$ 就变成 $\alpha_2\alpha_3\alpha_4$,前者右两位决定了后者的左两位. 因此,我们可把所有两位二进制数作结点,从每一个顶点 $\alpha_1\alpha_2$ 到 $\alpha_2\alpha_3$ 引一条有向边表示 $\alpha_1\alpha_2\alpha_3$,这个三位二制数,作为以下表示所有可能的码变换的有向图 8-22. 于是问题转化为在这个有向图上求一条欧拉回路. 而该图的 4 个顶点的度数都是出度入度各为 2,根据定理 8.13,欧拉回路存在,比如 $(e_0e_1e_2e_5e_3e_7e_6e_4)$ 是一条欧拉回路,对应于这条回路的布鲁英序列 00101110.

用类似的论证,我们可以证明:存在一个 2^n 个二进制数的循环序列,其中 2^n 个由 n 位二进制数组成的子序列全不相同.

为此我们只要构造 2^{n-1} 个结点的有向图,设每个结点标记为 $n-1$ 位二进制数,从结点 $\alpha_1\alpha_2\cdots\alpha_{n-1}$ 出发,有一条终点为 $\alpha_2\alpha_3\cdots\alpha_{n-1}0$ 的边,该边记为 $\alpha_1\alpha_2\cdots\alpha_{n-1}0$;还有一条边的终点为 $\alpha_2\alpha_3\cdots\alpha_{n-1}1$ 的边,该边记为 $\alpha_1\alpha_2\cdots\alpha_{n-1}1$. 这样构造的有向图,其每一结点的出度和入度都是 2,故必是欧拉图. 由于邻接边的标记是第一条边的后 $n-1$ 位二进制数与第二条边的前 $n-1$ 位二制数相同,为此就有一种 2^n 个二制数的环形排列与所求的鼓动轮相对应.

与欧拉回路非常类似的问题是哈密尔顿回路.

定义 8.23 经过图(有向图或无向图)中所有顶点一次且仅一次的路径称为哈密尔顿路径. 经过图中所有顶点一次且仅一次的回路称为哈密尔顿回路. 具有哈密尔顿回路的图称为哈密尔顿图,具有哈密尔顿路径但不具有哈密尔顿回路的图称为半哈密尔顿图.

在图 8-23 中,(1)是哈密尔顿图,(2)是半哈密尔顿图,(3)两者皆不是.

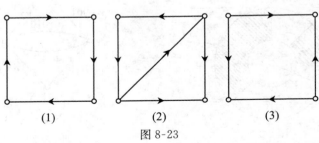

(1)　　　　　(2)　　　　　(3)

图 8-23

定理 8.14　设无向图 $G=\langle V,E\rangle$ 是哈密尔顿图,对于任意 $V_1 \subset V$ 且 $V_1 \neq \varnothing$,均有

$$w(G-V_1) \leqslant |V_1|$$

其中,$w(G-V_1)$ 是 $G-V_1$ 的连通分支数.

证明　设 C 为 G 中任意一条哈密尔顿回路,易知,当 V_1 中顶点在 C 上均不相邻时,$w(C-V_1)$ 达到最大值 $|V_1|$,而当 V_1 中顶点在 C 上有彼此相邻的情况时,均有 $w(C-V_1)<|V_1|$,所以有 $w(C-V_1) \leqslant |V_1|$.而 C 是 G 的生成子图,所以 $w(G-V_1) \leqslant w(C-V_1) \leqslant |V_1|$.

本定理的条件是哈密尔顿图的必要条件,若一个图不满足定理中的条件,它一定不是哈密尔顿图.

下面我们给一个无向图具有哈密尔顿路径存在的充分条件.

定理 8.15　设 G 是 n 阶无向简单图,若对于 G 中任意不相邻的顶点 v_i,v_j,均有

$$d(v_i)+d(v_j) \geqslant n-1$$

则 G 中存在哈密尔顿路径.

证明　首先证明 G 是连通图.否则 G 至少有两个连通分支,设 G_1,G_2 是阶数为 n_1,n_2 的两个连通分支,设 $v_1 \in V(G_1)$,$v_2 \in V(G_2)$,因 G 是简单图,所以 $d_G(v_1)+d_G(v_2)=d_{G_1}(v_1)+d_{G_2}(v_2) \leqslant n_1-1+n_2-1 \leqslant n-2$,与已知条件矛盾,所以 G 必是连通的.

其次证明 G 中有一条哈密尔顿路径.

设 G 中有 $p-1$ 条边组成的路径 $C=v_1 v_2 \cdots v_p (p<n)$,以下分两种情况进行讨论.

(1) 如果 v_1 或 v_p 邻接于不在这条路径上的某个顶点,则能延伸这条路径使其包含该点,得到 p 条边的路径.

(2) 如果 v_1 和 v_p 只邻接于这条路径上的顶点,下面证明,在这种情况下存在一条恰包含顶点 $v_1,v_2,\cdots,v_p$ 的回路.如果 v_1 邻接于 v_p,则回路为 $(v_1,v_2,\cdots,v_p,v_1)$.于是我们假设 v_1 仅邻接于 $v_{i_1},v_{i_2},\cdots,v_{i_k}$,$2 \leqslant i_j \leqslant p-1$,若 v_p 邻接于 $v_{i_1-1},v_{i_2-1},\cdots,v_{i_k-1}$ 中之一,如 v_{i_j-1},如图 8-24(a) 所示,该回路为 $(v_1,v_2,\cdots,v_{i_j-1},v_p,v_{p-1},\cdots,v_{i_j},v_1)$.若不然,则 v_p 至多与 $p-k-1$ 个顶点邻接.因而 v_1 和 v_p 的度数之和至多为 $n-2$,这与题设

矛盾.

现在我们有包含顶点 v_1, v_2, $\cdots$, v_p 的一条回路. 由于 G 是连通的, 在该回路外必至少存在一个顶点 v_x, 使 v_x 与回路上某 v_k 间有一条边, 如图 8-24(b)所示. 于是我们得到一条包含 p 条边的路径(v_x, v_k, $\cdots$, v_{i_j-1}, v_p, v_{p-1}, $\cdots$, v_{i_j}, v_1, v_2, $\cdots$, v_{k-1}), 如图 8-24(c)所示. 重复上述构造方法, 直到我们得到 $n-1$ 条边的路径.

易知, 本定理的条件是充分的但非必要. 例如, 设 G 是一个 n 边形 ($n>5$). 任何两个顶点的度数之和是 4, 但在 G 中有一条哈密尔顿回路.

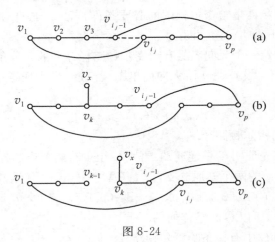

图 8-24

推论 设 G 为 $n(n\geqslant3)$ 阶无向简单图, 若对于 G 中任意两个不相邻的顶点 v_i, v_j, 均有

$$\mathrm{d}(v_i)+\mathrm{d}(v_j)\geqslant n$$

则 G 中存在哈密尔顿回路, 从而 G 为哈密尔顿图.

在图 8-25 中, 哪个是哈密尔顿图.

按(1)中所给的编号, 可以看出存在哈密尔顿回路, 故(1)为哈密尔顿图.

(2)不存在哈密尔顿路径. 用标记法说明. 用 A 标记顶点 a, 所有与它邻接的顶点标记为 B. 继续不断地用 A 标记所有邻接于 B 的顶点, 用 B 标记所有邻接于 A 的顶点, 直到所有顶点标记完, 发现图中 3 个顶点标 A

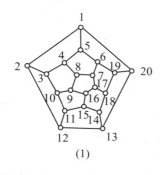

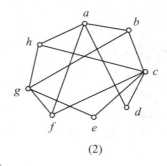

图 8-25

(1)

(2)

和 5 个顶点标 B,标号 A 和 B 相差 2 个,因此不可能存在哈密尔顿路径.

现在介绍在图中找哈密尔顿回路的自然推广——巡回售货员问题.

一个售货员希望去访问 n 个城市的每一个,开始和结束于 v_i 城市. 每两城市间有一条路,我们记 v_i 城市到 v_j 城市的距离为 $w(i,j)$,问题是先设计一个算法,它将找出售货员能采取的最短路径.

这个问题用图论术语叙述就是: $G=\langle V,E,w \rangle$ 是 n 个顶点的完全图,这里 w 是从 E 到正实数集的一个函数,对在 V 中任意三点 v_i,v_j,v_k 满足

$$w(i,j)+w(j,k) \geqslant w(i,k)$$

试求出赋权图上的最短哈密尔顿回路.

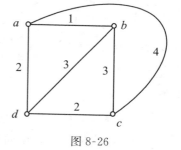

图 8-26

在图 8-26 中所示图为 4 阶完全赋权图 K_4,求出它的不同的哈密尔顿回路,并指出最短的哈密尔顿回路.

易得 $abcda$ 是最短的哈密尔顿回路.

一般地,n 阶完全赋权图中共存在 $\frac{1}{2}(n-1)!$ 种不同的哈密尔顿回路,经过比较,可找出最短哈密尔顿回路. 但计算量相当大.

习题 8.4

1. 构造一个欧拉图,其结点数 n 和边数 m 满足下述条件

（1）m 和 n 的奇偶性相同.

（2）m 和 n 的奇偶性相反.

如果不可能,说明原因.

2. 确定 n 取怎样的值,完全图 K_n 有一条欧拉回路.

3. 证明:若有向图 D 是欧拉图,则 D 是强连通的.

4. 完全图 $K_n(n \geqslant 1)$ 都是是哈密尔顿图吗?

5. 设 G 是无向连通图,证明:若 G 中有桥或割点,则 G 不是哈密尔顿图.

6. 设 G 为 n 阶无向简单图,边数 $m \geqslant C_{n-1}^2 + 2$,则 G 为哈尔顿图.

7. 5 阶完全赋权图如图 8-27 所示.求图中的最短哈密尔顿回路.

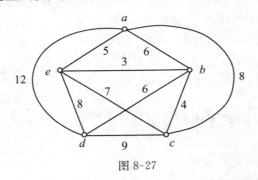

图 8-27

8.（1）画一个有一条欧拉回路和一条哈密尔顿回路的简单无向图.

（2）画一个有一条欧拉回路,但没有一条哈密尔顿回路的简单无向图.

（3）画一个没有一条欧拉回路,但有一条哈密尔顿回路的简单无向图.

（4）画一个使它既没有一条欧拉回路,也没有一条哈密尔顿回路的简单无向图.

8.5 二 部 图

今有 4 名应聘人员 x_1, x_2, x_3, x_4,有 4 种岗位 y_1, y_2, y_3, y_4 待聘.已

知 x_1 精通任务 y_1, y_2, y_3；x_2 精通任务 y_2, y_3；x_3 只精通 y_4；x_4 精通任务 y_3 和 y_4，问如何招聘人员，才能使每人都能上岗，且每个岗位都有人来完成？

若取 $V=\{x_1, \cdots, x_4, y_1, \cdots, y_4\}$ 为顶点集，若 x_i 精通任务 y_j，就在 x_i 与 y_j 之间连边，得到边集 E，构成了无向图 $G=\langle V, E \rangle$，如图 8-28 所示.

分配 x_1 完成 y_1；x_2 完成 y_2，x_3 完成 y_4，x_4 完成 y_3 就能满足需求.

在图 8-28 中，$x_i(i=1,2,3,4)$ 彼此不相邻，$y_j(j=1,2,3,4)$ 彼此也不相邻.

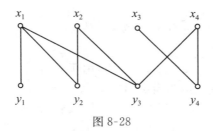

图 8-28

定义 8.24 设 $G=\langle V, E \rangle$ 为一个无向图，若能将 V 分成 V_1 和 V_2（$V_1 \cup V_2 = V, V_1 \cap V_2 = \varnothing$），使得 G 中的每条边的两个端点都是一个属于 V_1，另一个属于 V_2，则称 G 为二部图. 称 V_1 和 V_2 为互补顶点子集，可将二部图记为 $\langle V_1, V_2, E \rangle$. 又若 G 是简单二部图，V_1 中每个顶点均与 V_2 中所有顶点相邻，则称 G 为完全二部图，记为 $K_{r,s}$，其中 $|V_1|=r, |V_2|=s$.

注意，n 阶零图为二部图.

在图 8-29 中，(1),(2)均为完全二部图 $K_{3,3}$.

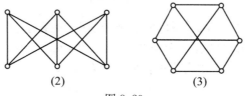

(2)　　　　　　　　　　　(3)

图 8-29

一个图是否为二部图，由下面定理判别.

定理 8.16 一个无向图 $G=\langle V, E \rangle$ 是二部图当且仅当 G 中无奇数长

度的回路.

证明 必要性

设 G 中无回路,结论显然成立.

若 G 中有回路,设 C 是 G 中任一回路,令 $C=v_0 v_1 v_2 \cdots v_k v_0$,不妨设 $v_0 \in V_1$,则 $v_e, v_2, v_4, \cdots \in V_1, v_1, v_3, v_5, \cdots \in V_2, k$ 必为奇数,不然,不存在边 (v_k, v_0). C 中共有 $k+1$ 条边,故 C 是偶数长度的回路.

充分性

设 G 是连通图,否则对 G 的每个连通分支进行证明. 设 v_0 为 G 中任意一个顶点,令

$$V_1 = \{v | v \in V(G) \wedge \mathrm{d}(v_0, v) \text{为偶数}\}$$

$$V_2 = V - V_1$$

设存在一条边 $(v_i, v_j), v_i, v_j \in V_2$,由于 G 是连通的,所以从 v_0 到 v_i 有一条最短路径,其长度为奇数;同理,从 v_0 到 v_j 有一条长度为奇数的最短路径. 于是由 (v_i, v_j) 及以上二条最短路径构成的回路长度为奇数,与题设矛盾. 这就证明了 V_2 中的任意两顶点之间不存在边. 类似地可证明 V_1 的任意两顶点之间也不存在边. 故 G 必为二部图.

定理 8.17 完全二部图 $K_{r,s}$,当 $r \neq s$ 时不是哈密尔顿图.

证明 设完全二部图 $G=\langle V_1, V_2, E \rangle, |V_1|=r, |V_2|=s$,且 $r<s$,则 $w(G-V_1)=s>|V_1|=r$. 故 G 不是哈密尔顿图.

给定一个二部图 G,如果边集 E 的子集 M 中的边无公共端点,则称 M 为二部图 G 的一个匹配. 含有最大边数的匹配称为 G 的最大匹配.

习题 8.5

1. 证明:如果 G 是二部图,它有 n 个顶点,m 条边,则 $m \leqslant n^2/4$.

2. 某单位按编制有 7 个空缺 $p_1, p_2, \cdots, p_7$. 有 10 个申请者 $a_1, a_2, \cdots, a_{10}$,他们的合格工作岗位集合依次是:$\{p_1, p_5, p_6\}, \{p_2, p_6, p_7\}, \{p_3, p_4\}, \{p_1, p_5\}, \{p_6, p_7\}, \{p_3\}, \{p_2, p_3\}, \{p_1, p_3\}, \{p_1\}, \{p_5\}$. 问:如何安排他们工作能使无工作的人最少?

8.6　平　面　图

在现实生活中,常常要画一些图形,希望边与边之间没有相交的情况,例如印刷线路板上的布线,交通道的设计等.

定义 8.25　设 $G=\langle V,E\rangle$ 是一个无向图,如果能够把 G 的所有顶点和边画在平面上,且使得任何两条边除了端点外没有其他的交点,则称该图 G 是一个平面图.

K_1,K_2,K_3,K_4 都是平面图,但 K_5 与 K_{33} 均为非平面图,且两者在研究平面图理论中居重要地位.另有两个显然的结论如下.

定理 8.18　若图 G 是平面图,则 G 的任何子图都是平面图.

定理 8.19　若图 G 是非平面图,则 G 的任何母图也都是非平面图.

定义 8.26　设 G 是平面图,由图中的边所包围的区域,在区域内既不包含图的结点,又不包含图的边,这样的区域称为图 G 的一个面.包围该面的诸边所构成的回路称为这个面的边界,边界的长度称为该面的次数.

在图 8-30 中,具有 6 个结点,9 条边,它将平面划分为 5 个面.其中 r_1, r_2,r_3,r_4 4 个面是由回路构成的边界,分别是 $abcda$,$cedfdc$,$bceb$,$abea$.另外还有一个面 r_5 在图形之外,不受边界约束,称作无限面.

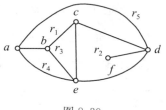

图 8-30

定理 8.20　平面图 G 中所有面的次数之和等于边数 m 的两倍.

证明　因为任何一条边,或者是二个面的公共边,或者在一个面中作为边界被重复计算两次,故面的次数之和等于其边数的两倍.

欧拉于 1750 年发现,任何凸多面体的顶点数 n,棱数 m 和面数 k 满足 $n-m+k=2$.后来发现,连通的平面图的阶数,边数,面数之间也有同样的关系.

定理 8.21(欧拉公式)　对于任意的连通的平面图 G,有

$$n - m + r = 2$$

其中，n, m, r 分别为 G 的顶点数，边数和面数.

证明略去.

如图 8-31 所示的平面图皆满足欧拉公式.

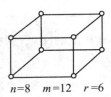 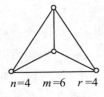 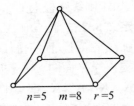

$n = 8$ $m = 12$ $r = 6$　　　$n = 4$ $m = 6$ $r = 4$　　　$n = 5$ $m = 8$ $r = 5$

图 8-31

定理 8.22　在有两条或更多条边的任何简单连通平面图中，下式成立

$$m \leqslant 3n - 6$$

其中 n 为顶点数，m 为边数.

证明　设简单连通平面图 G 的顶点数为 n，边数为 m，面数为 r. 当 $n = 3, m = 2$ 时上式显然成立. 除此以外，若 $m \geqslant 3$，则每一面数不小于 3，由定理 8.20 知各面数之和为 $2m$，因此 $2m \geqslant 3r, r \leqslant \dfrac{2}{3} m$.

代入欧拉公式，

$$2 = n - m + r \leqslant n - m + \frac{2}{3} m$$

故 $m \leqslant 3n - 6$.

根据该定理，可判别 K_5 是非平面图.

定理 8.23　每个面用四条边或更多条边围成的任何连通平面图中成立 $m \leqslant 2n - 4$.

证明　因为 $\dfrac{1}{2} m \geqslant r$，由欧拉公式得

$$n - m + \frac{1}{2} m \geqslant 2$$

故 $m \leqslant 2n - 4$.

根据该定理,可判别 $K_{3,3}$ 是非平面图.

现在还没有简便的方法可以确定某个图是平面图. 可以用库拉托夫斯基(kuratowsi)定理进行判别.

称 K_5 和 $K_{3,3}$ 为库拉托夫斯基图.

定义 8.27 设 $e=(u,v)$ 为图 G 的一条边,在 G 中删除 e,增加新的顶点 w,使 u,v 均与 w 相邻,称为在 G 中插入 2 度顶点 w. 设 w 为 G 中一个 2 度顶点,w 与 u,v 相邻,删除 w,增加新边 (u,v),称为在 G 中消去 2 度顶点 w.

定义 8.28 若两个图 G_1 与 G_2 同构,或通过反复插入或消去 2 度顶点后是同构的,则称 G_1 与 G_2 是同胚的(或称该两图是 2 度顶点内同构).

定理 8.24(kuratowski 定理) 一个图是平面图当且仅当它不包含与 K_5 或 $K_{3,3}$ 在 2 度顶点内同胚子图.

本定理的证明略.

与平面图有密切关系的一个图论的应用是图形的着色问题.

为了叙述图形着色的有关定理,先介绍对偶图的概念.

定义 8.29 设 G 是某平面图 $G=\langle V,E\rangle$,它具有面 $F_1,F_2,\cdots,F_n$,若有图 $G^*=\langle V^*,E^*\rangle$ 满足下述条件:

(1) 对于图 G 的任一面 F_i 内部有且仅有一个结点 $v_i^* \in F_i$.

(2) 对于图 G 的面 F_i,F_j 的公共边界 e_k,存在且仅存在一条边 $e_k^* \in E^*$,使 $e_k^*=(v_i^*,v_j^*)$ 且 e_k^* 与 e_k 相交.

(3) 当且仅当 e_k 只是一个面 F_i 的边界时,v_i^* 存在一个环 e_k^* 与 e_k 相交.

则称图 G^* 为图 G 的对偶图.

如图 8-32 所示的对偶图. 虚线构成的图是实线构成的图的对偶图.

从对偶图的定义,易知如果 G^* 是 G 的对偶图,则 G 也是 G^* 的对偶图. 一个连通的平面图 G 的对偶图也必是平面图.

平面图 G 与它的对偶图 G^* 的顶点数,边数和面数有如下关系.

定理 8.25 设 G^* 是连通平面图 G 的对偶图,n^*,m^*,r^* 和 n,m,r 分别为 G^* 和 G 的顶点数,边数和面数,则

(1) $n^* = r$

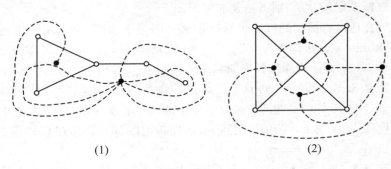

$$(1) \qquad\qquad\qquad\qquad (2)$$

图 8-32

（2）$m^* = m$

（3）$r^* = n$

证明　由 G^* 的构造可知,(1),(2)显然成立.

（3）由于 G 与 G^* 都连通,因而皆满足欧拉公式

$$n - m + r = 2$$
$$n^* - m^* + r^* = 2$$

可知

$$r^* = 2 + m^* - n^* = 2 + m - r = n$$

定义 8.30　设 G^* 是平面图 G 的对偶图,若 $G^* \cong G$,则称 G 为自对偶图.

在 $n-1(n \geqslant 4)$ 边形内放置一个顶点,使该顶点与 $n-1$ 个顶点均相邻. 所得的图为 n 阶轮图,记为 W_n. 可以证明轮图都是自对偶图.

利用对偶图,我们可以看到,对于地图的着色问题,可以归结为对于平面图的顶点着色问题. 以下主要讨论点着色.

定义 8.31　对无环图 G 的每个顶点涂上一种颜色,使相邻的顶点着不同的颜色,称为对图 G 的一种着色. 若能用 k 种颜色给 G 的顶点着色,就称对 G 进行了 k 着色. 若 G 是 k 着色的,但不是 $k-1$ 着色的,就称 G 为 k 色图,并称这样的 k 为 G 的着色数,记作 $\chi(G) = k$.

易知以下定理均成立.

定理 8.26　$\chi(G) = 1$ 当且仅当 G 是零图.

定理 8.27 $\chi(K_n)=n$.

定理 8.28 设 G 中至少含一条边,则 $\chi(G)=2$ 当且仅当 G 为二部图.

定理 8.29 对于任意的图 G(不含环),均有

$$\chi(G) \leqslant \Delta(G)+1$$

证明 对 G 的阶数 n 作数学归纳法.

$n=1$ 时,结论为真,设 $n=k(k\geqslant1)$ 时结论成立,当 G 的阶数 $n=k+1$ 时,设 v 为 G 中任一顶点,令 $G_1=G-\{v\}$,则 G_1 的阶数为 n,由归纳假设知 $\chi(G_1)\leqslant\Delta(G_1)+1\leqslant\Delta(G)+1$. 当将 G_1 还原成 G 时,由于 v 至多与 G_1 中 $\Delta(G)$ 个顶点相邻,而在 G_1 的点着色中,$\Delta(G)$ 个顶点至多用了 $\Delta(G)$ 种颜色,于是在 $\Delta(G)+1$ 种颜色中至少存在一种颜色给 v 着色,使 v 与相邻顶点着不同颜色.

判断任一图 G 是否是 k-色的,是较为困难的,但我们可用奇·鲍威尔法(WelchPowell)对图进行着色,方法为:

(1) 将图 G 中的结点按照度数的递减次序进行排列.

(2) 用第一种颜色对第一点着色,并且按照排列次序,对与前面着色点不邻接的每一点着上同样的颜色.

(3) 用第二种颜色对尚未着色的点重复(2),用第二种颜色继续这样做法,直到所有的点全部着上色为止.

定理 8.30 任何平面图都是 5-色的.

本定理的证明略.

习题 8.6

1. 证明:在 $n\geqslant3$ 的简单平面图中,面数 $r\leqslant2n-4$.

2. 证明:若 G 是每个区域至少由 $k(k\geqslant3)$ 条边围成的连通平面图,则边数 $m\leqslant\dfrac{k(n-2)}{(k-2)}$,这里 n,m 分别是图 G 的顶点数和边数.

3. 证明:(1) 对于 K_5 的任意边 e,K_5-e 是平面图.

(2) 对于 $K_{3,3}$ 的任意一条边 e,$K_{3,3}-e$ 是平面图.

4. 画出 6 阶的所有非同构的连通的简单的非平面图.

5. 验证轮图 W_5 和 W_6 是自对偶图.

6. 试证明:如果 n 阶 m 条边的平面图是自对偶图,则 $m=2n-2$.

7. 求图 8.33 所示各图的点着色数.

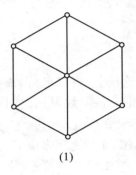

(1)

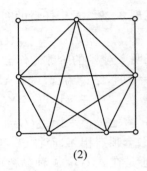

(2)

图 8-33

8. 设 G 是 $n(n \geqslant 11)$ 阶无向简单图,证明 G 或 $\overline{G}$ 必为非平面图.

8.7 树

树是图论中最重要的概念之一,应用非常广泛. 同时,树也是一种特殊的图.

定义 8.32 连通无回路的无向图称为无向树,常用 T 表示树. 若无向图 G 至少有两个连通分支,且每个分支均为无向树,则称 G 为森林.

在无向树中,悬挂顶点称为树叶,度数大于或等于 2 的顶点称为分支点.

树有些等价定义,见下面定理.

定理 8.31 设 $G=\langle V,E \rangle$ 是 n 阶 m 条边的无向图,则下面各命题是等价的.

(1) G 是树.

(2) G 中任意两个顶点之间存在惟一的路径.

(3) G 中无回路且 $m=n-1$.

(4) G 是连通的且 $m=n-1$.

只证(1)与(2)等价.

(1)⇒(2). 由 G 的连通性知, G 中每对顶点 u,v 间均有通路,若有结点 a,b 之间存在两条通路,则此两条通路必可构成一条回路,矛盾.

(2)⇒(1). 设图 G 的每对结点间存在通路,故 G 是连通的,又因只有惟一通路,故 G 不包含回路,可知图 G 是树.

定理 8.32 设 T 是 n 阶非平凡的无向树,则 T 中至少有两片树叶.

证明 设 T 有 x 片树叶,由握手定理及定理 8.31 得

$$2(n-1) = \sum \mathrm{d}(v_i)$$
$$\geqslant x + 2(n-x)$$

故 $x \geqslant 2$.

定义 8.33 设 T 是无向图 G 的子图并且为树,则称 T 为 G 的树. 若 T 是 G 的树且为生成子图,则称 T 是 G 的生成树. 设 T 是 G 的生成树, $\forall e \in E(G)$,若 $e \in E(T)$,则称 e 为 T 的树枝,否则,称 e 为 T 的弦. 弦的集合称为 T 的补(余树).

定理 8.33 无向图 G 具有生成树 ,当且仅当 G 是连通图.

证明 必要性显然. 只需证明充分性.

若 G 中无回路, G 为自己的生成树. 若 G 中含圈. 任删该圈的任一边,直到最后无圈为止,此时所剩图无圈、连通且为 G 的生成子图,则为 G 的生成树.

推论 1 设 G 为 n 阶 m 条边的无向连通图,则 $m \geqslant n-1$.

证明 G 有生成树 T,则 $m = |E(G)| \geqslant |E(T)| = n-1$.

推论 2 设 G 是 n 阶 m 条边的无向连通图, T 为 G 的生成树,则 T 有 $m-n+1$ 条弦.

推论 3 设 T 是连通图 G 的一棵生成树, $\overline{T}$ 为 T 的余树, C 为 G 中任意一个圈,则有 $E(\overline{T}) \bigcap E(C) \neq \varnothing$.

证明 若 $E(\overline{T}) \bigcap E(C) = \varnothing$,则 $E(C) \subseteq E(T)$,说明 C 为 T 中的圈,这与 T 为树矛盾.

下面讨论求连通赋权图的最小生成树问题.

定义 8.34 设无向连通赋权图 $G = \langle V, E, W \rangle$, T 为 G 的一棵生成树. T 的各边权之和称为 T 的权,记作 $W(T)$. G 的所有生成树中权最小

的生成树称为 G 的最小生成树.

在给定的一个无向连通赋权图中寻求最小生成树的有效的算法是克鲁斯克尔(Kruskal)算法:

设 G 有 n 个顶点,m 条边,先将 G 中所有的边按权的大小次序进行排列,不妨设 $w(e_1) < w(e_2) < \cdots < w(e_m)$

(1) 选取最小权边 e_1,置边数 $i \leftarrow 1$;

(2) $i = n-1$ 结束,否则转(3);

(3) 设已选择边为 $e_1, e_2, \cdots, e_i$,在 G 中选取不同于 $e_1, e_2, \cdots, e_i$ 的边 e_{i+1},使 $\{e_1, e_2, \cdots, e_i, e_{i+1}\}$ 中无回路且 e_{i+1} 是满足此条件的最小边;

(4) $i \leftarrow i+1$,转(2).

以上算法是正确的.理由如下:

(1) 由边集 E 所导出的子图 T 是图 G 的生成树.

因为根据算法而得到的子图 T 是在 n 个顶点上有 $n-1$ 条边且无简单回路的图.因而它是树,另外 T 包含了图 G 的所有顶点,所以 T 是 G 的生成树.

(2) T 是最小生成树.

若不然,设 T' 是最小生成树,而 T 不是,则存在一条边 $e \in T'$,而 $e \notin T$,把 e 加到 T 上得到一条基本回路 C,由上算法知,e 是 C 中的权最大的边,否则不会排除出 T,而 C 中的权最大的边 e 不应在最小生成树 T' 中,这与 $e \in T'$ 矛盾.所以 T 是最小生成树.

以上算法中假设 G 中的边权全不相同,实际上,这种算法完全适用于权任意情况.只是所求得之最小生成树不惟一.

如图 8-34 所示,由边 $(a,b), (a,c), (c,e), (e,f), (e,d), (e,g), (d,h)$ 构成 G 的一棵最小生成树.

设 D 是有向图,若 D 的底图是无向树,则称 D 为有向树,在所有的有向树中,根树最重要,所以我们只讨论根树.

定义 8.35 设 T 是 $n(n \geqslant 2)$ 阶有向树,若 T 中有一顶点的入度为 0,其余的顶点的入度均为 1,则称 T 为根树.入度为 0 的顶点称为树根.入度为 1 出度为 0 的顶点称为树叶,入度为 1 出度不为 0 的顶点称为内点,内点和树根统称为分支点.从树根到 T 的任意顶点 v 的路径长度称为 v

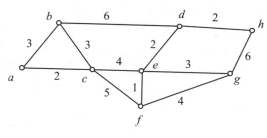

图 8-34

的层数,层数最大顶点的层数称为树高.

在根树中,由于各有向边的方向是一致的,所以画根树时,将树根画在最上方.

如图 8-35 所示的一棵根树,a 为树根,b,c,d 的层次为 $1,e,f,g,h$ 的层次为 2.

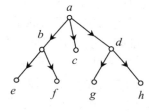

从根树的结构中可以看到,根树中每个结点都可看作是原来树中的某一棵子树的根,由此可知,根树可递归定义为:

图 8-35

根树包含一个或多个结点,这些结点中某一个称为根,其他所有结点被分成有限个子根树.

设 a 是一棵根树的分支点,假若从 a 到 b 有一条边,则结点 b 称为 a 的"儿子",或称 a 为 b 的"父亲".假若从 a 到 c 有一条单向通路,称 a 为 c 的"祖先"或 c 是 a 的"后裔".同一个分支点的"儿子"称为兄弟.为指明同一层上的结点从左到右出现的次序不同,可以指明根树中结点或边的次序,这种树称为有序树.

定理 8.34 设 T 是一棵根树,根是 a,并设 r 是 T 的任一结点,则从 a 到 r 有惟一的有向路径.

证明 由根树定义知,存在从 a 到 r 的一条有向路径.

若从根 a 到 r 有两条不同的有向路径,不妨设为

$$P_1:(a = a_0, a_1, a_2, \cdots, a_n = r)$$

$$P_2:(a=b_0,b_1,b_2,\cdots,b_m=r)$$

因为这是两端相同的两条有向路径,于是或者

(1) 存在一个非负整数 k,$0 \leqslant k < \min\{m,n\}$,使非负整数 $i \leqslant k$ 时,$a_{n-i}=b_{m-i}$,而 $a_{n-k-1} \neq b_{m-k-1}$,此时结点 a_{n-k}(即 b_{m-k})的引入次数是2,与根树定义矛盾;

或者

(2) $i=\min\{n,m\}$ 时有 $a_{n-1}=b_{m-i}$,而 $n \neq m$,此时根有非零的引入次数,又与根树的定义矛盾.

所以不可能有两条不同的有向路径.

定理 8.35 根树 $T=\langle V,E \rangle$,$|V|=n$,$|E|=m$,则 $m=n-1$.

证明 因为除根结点外,每一结点的引入次数为1,即除根外,每一结点对应一条边,所以 $m=n-1$.

定理 8.36 根树的子树是根树.

证明 设 S 是根树 T 的子树,则 S 至少含有根结点,不妨设为 a.

(1) 树中不存在回路,所以 a 的后裔不可能是 a 的祖先. 这样,S 中没有 a 的真祖先存在,因而在 S 中 a 的引入次数为0.

(2) S 中 a 以外的结点都是 a 的后裔,故对根树 T 而言,从 a 到其余结点都有一条有向路径 P,显然,P 所经过的结点都是 a 的后裔,全在 S 中,因而 P 也在 S 中. 所以,对子树 S 而言,从 a 到 S 中其余结点也有一条有向路径.

(3) 因为对子树 S 而言,从 a 到 S 中其余结点都有一条有向路径,所以其余结点的引入次数不少于1,但 S 是 T 的子图,引入次数不能多于1,于是其余结点的引入次数都是1.

综上所述,子树也是根树.

在根树中,若每一个结点的出度小于或等于 m,则称这棵树为 m 元树. 如果每一个结点的出度恰好等于 m 或零,则称这样树为完全 m 元树(或正则 m 元树).

在许多应用中,从每一结点引出的边都必须给定一个次序,或者等价地给结点的每一儿子编序,称他们为某结点的第一,第二,$\cdots$,第 n 个儿子.树中每一结点引入的边都规定次序的树叫有序树.一般自左至右地排

列,左兄右弟.如果树中每一结点的儿子不仅给出次序,还明确他们的位置,则称为位置树.用得最多的是二元位置树,树中每一结点的儿子,都被指明是它父亲左儿子或右儿子.

定理 8.37 设有完全 m 元树,其树叶数为 t,分支点数为 i,则 $(m-1)i = t-1$.

证明 若把 m 元树看作是每局有 m 位选手参加比赛的单淘汰赛计划表,树叶数 t 表示参加比赛的选手数,分支点数 i 表示比赛的局数,因每局比赛将淘汰 $(m-1)$ 位选手,故比赛结果共淘汰 $(m-1)i$ 位选手,最后剩下一位冠军,因此 $(m-1)i+1 = t$,即 $(m-1)i = t-1$.

在计算机应用中,还常需要考虑二元树的通路长度问题.

在根树中,一个结点的通路长度,就是从树根到结点的通路中的边数.我们将分支点的通路长度称为内部通路长度,树叶的通路长度称为外部通路长度.

定理 8.38 若完全二元树有 n 个分支点,且内部通路长度的总和为 I,外部通路长度的总和为 E,则 $E = I + 2n$.

证明 对分支点数目 n 进行归纳.

当 $n=1$ 时,$E=2$,$I=0$,故 $E = I+2n$ 成立.

设 $n=k-1$ 时成立,即 $E' = I' + 2(k-1)$.

当 $n=k$ 时.若删去一个分支点 v,该分支点与根的通路长度为 l,且 v 的两个儿子是树叶,得到新树 T'.将 T' 与原来树比较,它减少了二片长度为 $l+1$ 的树叶和一个长度为 l 的分支点,因为 T' 有 $(k-1)$ 个分支点,故 $E' = I' + 2(k-1)$.但在原树中,有

$$E = E' + 2(l+1) - l = E' + l + 2, \quad I = I' + 1$$

代入上式得

$$E - l - 2 = I - l + 2(k-1)$$

即

$$E = I + 2k$$

树常用来表示离散结构的层次关系,如行政组织、家谱、分类等.同时,用二元树还可表示算术表达式.如算术表达式 $a+(b-(c*d+e/f))$ 可用图 8-36 表示.注意所有运算对象都处于树叶位置,运算符处于分支

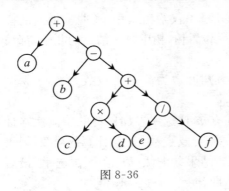

图 8-36

点位置,括号不表示,计算次序按路径长度远的先算.

下面介绍一些完全 2 元树(2 叉树)的应用.

定义 8.36 设 2 叉树 T 有 t 片树叶 $v_1, v_2, \cdots, v_t$,权分别为 $w_1, w_2, \cdots, w_t$,称

$$W(t) = \sum_{i=1}^{t} w_i l(v_i)$$

为 T 的权,其中 $l(v_i)$ 是 v_i 的层数. 在所有有 t 片树叶,带权 $w_1, w_2, \cdots, w_t$ 的 2 叉树中,权最小的 2 叉树称为最优 2 叉树.

利用 Huffman 算法可以求出最优树.

Huffman 算法:

给定实数 $w_1, w_2, \cdots, w_t$,且 $w_1 \leqslant w_2 \leqslant \cdots \leqslant w_t$.

(1) 连接权为 w_1, w_2 的两片树叶,得一个分支点,其权为 $w_1 + w_2$.

(2) 在 $w_1 + w_2, w_3, \cdots, w_t$ 中选出两个最小的权,连接它们对应的顶点,得新分支点及所带的权.

(3) 重复(2),直到形成 $t-1$ 个分支点,t 片树叶为止.

例 8.3 求带权 $1, 2, 3, 4, 5$ 的最优 2 叉树.

解 最优树为图 8-37 中(4)所示,$w(T) = 34$.

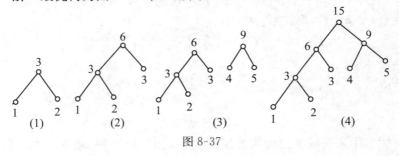

图 8-37

习题 8.7

1. 当且仅当无向连通图的每条边均为割边时,该连通图才是一棵无向树.

2. 一棵无向树有两个结点度数为 2,一个结点度数为 3,三个结点度数为 4,问它有几个度数为 1 的结点.

3. 一棵无向树 T 有 5 片树叶,3 个 2 度分支点,其余的分支点都是 3 度顶点,问 T 有几个顶点?

4. 一棵无向树 T 有 $n_i (i=2, 3,\cdots,k)$ 个 i 度分支点,其余顶点都是树叶,问 T 应该有几片树叶?

5. 对于图 8-38,利用克鲁斯克尔(Kruskal)算法求一棵最小生成树.

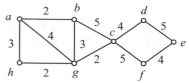

图 8-38

6. 根据简单有向图的邻接矩阵,如何确定它是否是根树? 如果它是根树,如何确定它的根和叶?

7. 一棵二元树有 n 个结点,试问这棵 2 元树的高度 h 最大是多少? 最小是多少?

8. 证明:在完全二元树中,边的总数等于 $2(n-1)$,这里 n 是树叶数.

9. 画一棵树叶权为 3,4,5,6,7,8,9 的最优 2 叉树,并计算出它的权.

10. 用有序树表示下列命题公式.

(1) $(P \lor Q) \to (\neg P \land Q)$.

(2) $(P \land (\neg P \lor Q)) \to (P \lor \neg Q \lor R)$.

符 号 表

数理逻辑

$\neg P$	P 的否定
$P \wedge Q$	P 与 Q 的合取
$P \vee Q$	P 与 Q 的析取
$P \to Q$	如 P 则 Q
$P \leftrightarrow Q$	P 当且仅当 Q
$P \uparrow Q$	P 与 Q 的与非
$P \downarrow Q$	P 与 Q 的或非
$P \overline{\vee} Q$	P 与 Q 的不可兼析取
$P \not\to Q$	P 与 Q 的条件否定
T	真;重言式
F	假;矛盾式
$P \Rightarrow Q$	P 蕴含 Q
$P \Leftrightarrow Q$	P 与 Q 等价
A^*	A 的对偶式
$\forall$	全称量词
$\exists$	存在量词

集合论

$a \in A$	a 属于 A
$a \notin A$	a 不属于 A
$A \subseteq B$	A 包含于 B 中
$A \subset B$	A 真包含于 B 中
$\varnothing$	空集
E	全集
$P(A)$	A 的幂集

$A \cap B$	A 与 B 的交
$A \cup B$	A 与 B 的并
$A - B$	A 与 B 的差
$\overline{A}$	A 的绝对补
$\lvert A \rvert$	有限集 A 的元素个数
$A \times B$	集合 A 和 B 的笛卡尔乘积
$\mathrm{dom}R(\mathrm{dom}f)$	关系 R 的前域（函数 f 的定义域）
$\mathrm{ran}R(\mathrm{ran}f)$	关系 R 的值域（函数 f 的值域）
$\mathrm{fld}R$	关系 R 的域
I_X	集合 X 上的恒等关系
$R \circ S$	关系 R 和 S 的复合
A^n	n 个集合 A 的笛卡尔积（幂）
R^n	关系 R 的 n 复合
R^{-1}	关系 R 的逆关系
$r(R)$	关系 R 的自反闭包
$s(R)$	关系 R 的对称闭包
R^+、$t(R)$	关系 R 的传递闭包
R^*、$tr(R)$	关系 R 的自反传递闭包
$[x]_R$	元素 x 的等价类
A/R	集合 A 关于 R 的商集
$\leqslant$	偏序关系
$x \equiv y(\mathrm{mod}\,m)$	$x - y$ 被 m 整除
$\mathrm{lub}A$	A 的最小上界
$\mathrm{glb}A$	A 的最大下界
f^{-1}	函数 f 的逆函数
$g \circ f$	函数 f 和 g 的复合
χ_A	集合 A 的特征函数

代数系统

I	整数集合

I_+	正整数集合
I_E	偶数集合
$\mathbb{N}$	自然数集合
$\mathbb{Q}$	有理数集合
$\mathbb{R}$	实数集合
$\mathbb{C}$	复数集合
N_k	集合 $\{0,1,2,\cdots,k-1\}$
Z_m	I 上模 m 的同余类集合
$\mathrm{GCD}(x,y)$	x,y 的最大公约数
$\mathrm{LCM}(x,y)$	x,y 的最小公倍数
$+_k$	模 k 的加法运算
$\times_k$	模 k 的乘法运算
S_n	n 个元素的集合 S 上所有转换构成的对称群
aH	H 关于 a 的左陪集
Ha	H 关于 a 的右陪集
$\mathrm{Ker}(f)$	f 的同态核
$a \prec b$	$a \leqslant b$ 且 $a \neq b$
$a \vee b$	a 与 b 的最小上界
$a \wedge b$	a 与 b 的最大下界
a'	a 的补元素

图论

$V(G)$	图 G 的结点集合
$E(G)$	图 G 的边集合
K_n	n 个结点的无向完全图
$K_{r,s}$	完全二部图
$\deg(v)$	结点 v 的度数
$\Delta(G)$	$\max\{\deg v \mid v \in V(G)\}$、图 G 的最大度
$\delta(G)$	$\min\{\deg v \mid v \in V(G)\}$、图 G 的最小度
$\omega(G)$	图 G 的连通分支数
$k(G)$	$\min\{|V_1| \mid V_1$ 是 G 的点割集$\}$、G 的点连通度

$\lambda(G)$	$\min\{|E_1|\,|\,E_1$ 是 G 的边割集$\}$、G 的边连通度
$d\langle u,v\rangle$	结点 u 和 v 之间的距离
$\deg(r)$	面的次数
A^n	布尔矩阵 A 的 n 次积
$A^{(n)}$	布尔矩阵 A 的 n 次布尔积
$A(G)$	无向图 G 的邻接矩阵
$A(D)$	有向图 D 的邻接矩阵
$P(D)$	有向图 D 的可达性矩阵
$M(G)$	无向图 G 的完全关联矩阵
$M(D)$	有向图 D 的完全关联矩阵
G^*	图 G 的对偶图
$\chi(G)$	图 G 的着色数
$W(T)$	树 T 的所有权之和

参 考 文 献

[1] Bernard Kolman, Robert C Busy, Sharon Ross. Discrete Mathematical Structures[M]. 3 版. Prentice-Hall International, Inc;北京:清华大学出版社,1998

[2] 耿素云,屈婉玲. 离散数学[M]. 北京:高等教育出版社,1998

[3] 王湘浩,管纪文,刘叙华. 离散数学[M]. 北京:高等教育出版社,1983

[4] 左孝凌,李为鉴,刘永才. 离散数学[M]. 上海:上海科技文献出版社,1998